■ 阅读滋养人生

读名家，品经典，助力成长

专家审订委员会

翟民安　著名学者
　　　　北京大学、北京师范大学教授
刘解军　著名作家，中学高级教师
宋永健　北京市海淀区语文骨干教师
　　　　首都师范大学第二附属中学教师
施　晗　著名作家，书法家，出版人

昆虫记

（法）亨利·法布尔◎著

王　涵◎编译

美读
珍藏版

四川辞书出版社

图书在版编目（CIP）数据

昆虫记/（法）亨利·法布尔著；王涵编译.—成
都：四川辞书出版社，2022.6
（名家名著阅读课程化丛书）
ISBN 978-7-5579-0952-9

Ⅰ.①昆… Ⅱ.①亨… ②王… Ⅲ.①昆虫学—青少
年读物 Ⅳ.① Q96-49

中国版本图书馆 CIP 数据核字 (2021) 第 248721 号

昆虫记
KUNCHONG JI

（法）亨利·法布尔◎著　王涵◎编译

责任编辑　冯英梅　胡彦双
排版制作　文贤阁
责任印制　肖　鹏
出版发行　四川辞书出版社
地　　址　成都市锦江区三色路 238 号
邮政编码　610023
印　　刷　大厂回族自治县益利印刷有限公司
开　　本　155 mm × 220 mm　16 开
印　　张　11
版　　次　2022 年 6 月第 1 版
印　　次　2022 年 6 月第 1 次印刷
书　　号　ISBN 978-7-5579-0952-9
定　　价　25.80 元

名著阅读规划方案

　　阅读名著是同学们汲取知识、提升能力和素质的重要途径。如何安排阅读才能使同学们获益最多？在此，我们为同学们量身定制了一套科学合理的名著阅读方案，帮助同学们实现有价值的阅读，通过阅读提高自己的文学素养，丰富自己的精神世界。

阅读阶段	阅读群体	阅读要求	推荐书目	推荐理由
第一阶段	1～2年级学生	阅读浅显的童话、寓言、故事等，培养阅读兴趣，能流畅阅读。	中国名著：《唐诗三百首》《三字经》《稻草人》…… 外国名著：《木偶奇遇记》《格林童话》《伊索寓言》《安徒生童话》……	内容浅显，注重快乐阅读，符合低龄学生阅读特点。
第二阶段	3～4年级学生	养成读书习惯，能理解作品大意，与同学交流图书内容。	中国名著：《千家诗》《草房子》《寄小读者》…… 外国名著：《尼尔斯骑鹅旅行记》《列那狐的故事》《一千零一夜》《爱丽丝漫游奇境记》……	学生不需要有专业知识就能理解作品大意，并学到新知识。
第三阶段	5～6年级学生	增加阅读的复杂性，增加探究性阅读，能够鉴赏文学作品。	中国名著：《西游记》《水浒传》《三国演义》《城南旧事》…… 外国名著：《小王子》《海底两万里》《鲁滨逊漂流记》……	作品内容相对来说比较深刻，有益于提高学生思考能力。
第四阶段	7～9年级学生	广泛阅读各种名著，能通过名著认识社会、人生，提升自我素质，学以致用，举一反三。	中国名著：《朝花夕拾》《呐喊》《繁星·春水》《骆驼祥子》…… 外国名著：《简·爱》《格列佛游记》《童年》《钢铁是怎样炼成的》……	作品所反映的内容与现实密切相关，可以满足学生对社会、人生探索的需求。作品所体现的美好品质对学生的成长有着激励作用。

经典名著品读要点

　　经典名著是人类文化史上一道永恒的风景线。品读经典，与经典同行，和文学巨匠来一次心灵的碰撞，让自己的灵魂接受一次全新的洗礼，相信会使你的人生更加绚丽。对同学们而言，品读名著尤为重要。那么，怎样用经典名著使同学们获得滋养呢？

培养兴趣 | Peiyang Xingqu

　　对学习材料的兴趣是学习的最大动力。为培养同学们的阅读兴趣，我们在书中的每一章节前均设置了"名师导读"板块，简单介绍章节内容，巧妙提出相关问题，吸引同学们深入阅读。另外，本书配以精美插画，生动的画面能够激发同学们的阅读兴趣。

增长见识 | Zengzhang Jianshi

　　名著是人类智慧的结晶，是知识的源泉。为帮助同学们开拓视野，增加知识储备，更好地理解名著的意蕴，我们在书中设置了"阅读速递""延伸阅读"等栏目。

启迪心智 | Qidi Xinzhi

　　任何一部名著都蕴含着深刻的哲理，给人以启迪，或教育人奋发图强，或教育人永不言败，或教育人韬光养晦，或教育人懂得感恩……书中通过"品读赏析"栏目概述作品内涵，向同学们传达成长智慧，启迪心智。

　　经典名著就是一个精彩绝伦的世界，在这个世界里畅想遨游、探幽寻秘，将受益一生。我们针对同学们的阅读特点来引导大家进行自主阅读，尽情领略经典作品的独特魅力，提升自我，充实自我。

读书是一门学问，需要讲究方法和原则。为帮助同学们科学读书、有效读书，我们提供了以下几种行之有效的阅读方法。

泛读 1

泛读即广泛阅读，指读书的面要广，要广泛涉猎各方面知识。古人云："读书破万卷，下笔如有神。""读万卷书，行万里路。"多读书，尤其是多读名著，有益于开阔视野，充实自我。

速读 2

速读即快速阅读，指对作品迅速浏览一遍，以掌握其全貌。古语云："五更三点待漏，一目十行读书。"运用速读法读书，可以加快阅读速度，扩大阅读量。

跳读 3

跳读即略读，指读书时把不重要的内容放在一边，选择主要部分进行阅读。有时读书遇到疑难问题无法理解时，也可以跳过去继续往下读，读完全书后再回来着重阅读未懂的内容，便可前后贯通。东晋大诗人陶渊明曾说："好读书，不求甚解；每有会意，便欣然忘食。"

精读 4

精读即细读，指深入细致地研读。精读要求读书时精心研究，细细咀嚼，品鉴书中的精华。唐代文学大家韩愈有句名言："记事者必提其要，纂言者必钩其玄。"读书如能做到"提要钩玄"，则能基本掌握书的大意。

善思 5

读死书是没有用的，要知道怎样用眼睛去观察，用脑子去思考才行。读书贵在思索。只有把学与思结合起来，才能真正领会书中的要义。

活用 6

读书要懂得举一反三，学以致用。南宋学者陈善读书提倡"出入法"，即读书既要读进书中去，又要从书中跳出来。倘若读书不能跳出书本，不能学以致用，那么只会成为彻头彻尾的书呆子。

阅读指南

蝉和蚂蚁

名师导读

每到盛夏，无论大街小巷，还是山林村庄，只要有树的地方就有蝉的喧闹声。蝉作为夏天的代表性昆虫，为什么要不知疲倦地高歌呢？它们和蚂蚁又有什么恩怨呢？

名师导读

开宗明义，激发读者阅读兴趣，引导读者阅读。

名师点评

点评重点语句，疏通读者理解障碍。

词语在线

解释作品中的疑难字词，扫除读者的阅读障碍。

✏ **名师点评**

蝉的鸣叫声并不是从喉咙里发出来的。蝉靠腹部发声器的振动才发出嘹亮的声音，那就是蝉的"乐器"。

✏ **词语在线**

游手好闲：游荡成性，不好劳动。

一

哦，上帝，炎热没法躲！

……

请大声唱歌！

你的翅膀抖起来，

你的躯体扭起来，别忘了把乐器打磨。

啊！美好的时光往往太过短暂！

环顾左右皆是强盗，

还有那些游手好闲的流浪儿，

昆 虫 记

名\家\名\著\阅\读\课\程\化\丛\书

品读赏析

蝉的一生都在忙忙碌碌中度过，从幼虫到成虫，不仅要完成工作量巨大的挖掘工作，还要努力地为蜕变做准备。及至成虫，则会在高歌一个夏天之后悄然逝去，成为蚂蚁的食粮，或者被人类当作药材。本文作者描述蝉、赞美蝉……

写作积累 XIEZUO JILEI

彬彬有礼　肆无忌惮　饥肠辘辘　天马行空　大相径庭
反唇相讥　兢兢业业

·蝉儿啊，泉水即可成为你的甘甜饮料；你用尖嘴戳进树皮，挖掘一眼甘甜的水井。泉水源源流淌，你美美地吮吸享受。

思考练习

1. 蝉的幼虫在地下靠什么维持生命呢？
2. 蝉的幼虫是怎样粉刷自己洞穴的墙壁的？
3. 蝉的成虫在树上吃什么呢？

其他以昆虫为主要内容的文学著作

在世界上所有的物种里，昆虫的数量、种类，是其他任何物种所不及的。据保守估计……

延伸阅读
名家名著阅读课程化丛书

品读赏析

鉴赏作品，解析重点内容，提升读者的阅读能力和思悟能力。

写作积累

荟萃文中的优美辞藻、锦言妙语，帮助读者积累词汇，提高鉴赏能力和写作能力。

思考练习

根据内容提问题，加强读者对文中内容的记忆与理解。

延伸阅读

衔接相关知识，帮助读者拓宽视野，储备更多知识。

名家名著阅读课程化丛书

　　歌德曾说："读一本好书，就是和一位高尚的人谈话。"世界文学名著是人类文化的精华，是文学巨匠、思想巨擘的智慧结晶，是我们生命中不可或缺的精神食粮。

　　名著犹如一面镜子，既能照出人的本质，又能照出世间的美丑。名著根源于现实生活，名著中的人就是对现实中的人的再塑造，名著中所描摹的人性的善恶美丑就是对现实中人性的真实反映，名著中所建构的世界就是真实世界的缩影。因此，我们阅读名著，要在名著中阅读自己、阅读世界。走进名著，尽情阅读吧！它会让你发现自己，辨识自己身上的优点、缺点，从而摆脱平庸与狭隘，使自己的人格得到升华；它会让你练就一双智慧之眼，分清是非，辨别美丑，学会用正确的心态看待大千世界；它能培养你的审美观，充实你的思想，使你成为一个通情达理、个性健康、感情充沛、情趣高尚的人。

　　中小学生正处于身心发展的关键阶段，尤其需要名著的滋养。为此，我们根据中小学生的学习和认知特点，从中外文坛难以计数的文学作品中采撷精华，编选了这套丛书。这套丛书包括小说、诗歌、散文等多种体裁的作品，这些作品或是指引时代的航标，或是传承千年的箴言，或是激荡人心的妙笔，可以春风细雨般滋润着每一个小读者的心田。

　　另外，我们精心设置了"名师导读""名师点评""词语在线"等栏目，以此搭建一架通往文学世界的桥梁，从而让同学们轻松感受到经典名著不朽的艺术魅力。

作品概述

　　《昆虫记》是被誉为"动物心理学的创始人""昆虫界的维吉尔"的法国昆虫学家、文学家法布尔的不朽杰作。在书中，他以人性描写虫性，娓娓道来，字里行间洋溢着对生命的尊重与热爱，能使读者在欣赏美文的同时领略昆虫们的日常生活习性与特征。

　　本书精选的昆虫小记包括蝉和蚂蚁、灰蝗虫、大孔雀蝶、圣甲虫、隧蜂、朗格多克蝎等。作者通过对一系列昆虫的生活习性的描写，从更深层次的角度赞扬了昆虫不怕吃苦、坚韧不拔的精神，也诠释了他对人生的感悟。

　　《蝉和蚂蚁》一篇中，作者用诗歌表达了蝉的勤劳和蚂蚁的无情以及贪婪，通过形象生动的描写叙述了蝉的幼虫是如何挖掘洞穴的，体现了幼虫的智慧；而从幼虫发育到成虫，蝉也经历了诸多磨难。在文章中，我们看到了蝉的勇敢与勤劳，还有其无所畏惧的牺牲精神。

《灰蝗虫》一篇中，作者细致而又生动地描述了灰蝗虫蜕皮的整个过程，赞叹了生命的神秘和伟大，充满着对生命的歌颂和尊重，并对想要在注射器中制造生命的科学家进行了讽刺。

《朗格多克蝎》一篇中，作者用拟人的修辞手法生动地阐述了朗格多克蝎求偶与交配的过程，将血腥、残酷的场面表现得温馨而浪漫，使读者认识到昆虫世界中也有浪漫、温馨的一面。

《昆虫记》的确是一部奇书，是人类与昆虫共同谱写的一部生命乐章。本书不仅仅是一部研究昆虫的科学巨著、动物心理学的开山之作，同时也是一部讴歌生命的宏伟诗篇。

作者传略

亨利·法布尔，1823年出生于法国南部圣莱昂的一个农民家庭，跟随祖父母在乡村生活了七年，终日与蝴蝶、萤火虫等昆虫为伴。这段时间对他的影响非常大，为他一生的事业奠定了坚实基础。

15岁时，法布尔考入师范学校，毕业后谋得初中数学教师的职位，在工作期间对昆虫学产生了浓厚兴趣。

1847年，法布尔取得蒙贝利大学数学学士学位，次年取得物理学学士学位。

1849年，法布尔在科西嘉岛担任中学物理教师，并开始正式研究岛上的动植物。

1857 年，法布尔发表了题为《节腹泥蜂习性观察记》的论文，文中对当时的知名昆虫学权威莱昂·杜福尔的错误观点进行了修订。因此，法布尔受到法兰西研究院的赞赏，并被授予实验生理学奖。

1859 年，法布尔担任鲁基亚博物馆馆长。此后，他潜心进行茜草染料的研究，并完成了《昆虫记》的第一卷。

1866 年，法布尔成功从茜草中直接抽取了染料色素，并被聘请为亚威农师范学校的物理教授。

1879 年，法布尔买下了塞利尼昂的荒石园，直到逝世前，他一直居住在这里。这是一块不毛之地，却是昆虫的天堂。法布尔一边观察、实验，一边整理他之前研究昆虫的观察笔记、实验记录和科学札记，继续《昆虫记》的创作。

1894 年，法布尔荣膺法国昆虫协会荣誉会员。

1910 年，法国文学界以"昆虫界的维吉尔"为称号，推荐法布尔为诺贝尔文学奖候选人。

1915 年 10 月 11 日，法布尔因病与世长辞，享年 92 岁。荒石园被政府买下来，成为巴黎自然史博物馆分馆，保存至今。

艺术特色

《昆虫记》是作者用散文的形式写成的一部昆虫学巨著，它既是科普著作，也是散文经典，全书行文生动活泼，语调轻松诙谐，情趣盎然。在书中，法布尔将专业知识与人生感悟熔为一炉，在描写昆虫日常生活习性、特征中融入了他对生命的独特感悟。

《昆虫记》以人文精神统领自然科学，将虫性和人性交融，使昆虫世界成为人类获得知识、趣味、美感和思想的不竭之源。在书中作者描述的是自己多年观察、研究的成果，留给读者的思索是灵活可变的，法布尔没有强迫读者接受自己的观点，只是给读者带去了知识、趣味、美感以及思想。字里行间，读者能感受到作者对乡间生活的向往，反映出法布尔珍爱生命、热爱生活的人生态度。

从语言特点来看，《昆虫记》语言生动传神、描写细腻、幽默诙谐、想象独特、引人入胜；大量使用拟人手法，让文章自然、亲切，增强了可读性。作者用贴近生活的语言向读者介绍了昆虫生活的点点滴滴，不仅记录准确，而且文笔流畅、语言形象，细腻、生动地表现出了昆虫的特点。

阅读《昆虫记》，读者要有一颗宁静的心，不被世俗喧嚣打扰，才能进入奇妙的昆虫世界。阅读本书，你会被法布尔对生命的敬畏深深感动，同时开始对生命进行思考，从而懂得尊重生命，感受生命的美好。

动物写真

▶ 蝉

蝉的幼虫依靠自己坚实而且畅通无阻的洞穴，在地下生活4年之久。这个神奇的洞穴，还是出色的气象观测站，可以用来判断外边的天气状况。时机一到，幼虫就会从黑暗中爬出来，攀上枝头，在酷热的夏天开始高歌。

▶灰蝗虫

蝗虫家族中的巨人，身体能长到一指长。比起蝉和螯虾这样的蜕皮高手，灰蝗虫还要更胜一筹，它蜕皮时细腻、精准而完美，令人赞叹不已。

▶圣甲虫

圣甲虫是一种受人尊崇的昆虫，只要有动物粪便的地方，就会有它们勤劳的身影，为美化环境做出了巨大的贡献。

▶隧蜂

隧蜂是勤劳的采蜜者，时刻忙碌着采集花蜜，它的巢穴却成为吃白食者肆意入侵的乐园。虽然它们比入侵者体形庞大得多，但是愚昧使它们任由自己的孩子被入侵者迫害致死。

目
录

MuLu

名家名著阅读课程化丛书·昆虫记

蝉和蚂蚁

每到盛夏，无论大街小巷，还是山林村庄，只要有树的地方就有蝉的喧闹声。蝉作为夏天的代表性昆虫，为什么要不知疲倦地高歌呢？它们和蚂蚁又有什么恩怨呢？

一

哦，上帝，炎热没法躲！

这世界成了蝉的天地，

它如痴如狂，嘹亮高歌。

七月流火，农人收割，

翻滚的麦穗，如浪如波，

人们低头弯腰，辛勤劳作；

他们口干舌燥，没法唱歌。

蝉啊！把握属于你的时光吧，

你伶俐又可爱，

请大声唱歌！

你的翅膀抖起来，

你的躯体扭起来，别忘了把乐器打磨。

这时的农夫挥舞镰刀割下麦穗，

麦浪中闪耀着刀光。

装满了水的罐子啊，罐口塞着草，

挂在农夫的腰间。

凉爽的木盒中静静地躺着磨刀石，

水不断地滋润着，

农夫却在烈日下挥汗如雨，

那骨髓都快要被晒沸了。

蝉儿啊，泉水即可成为你的甘甜饮料；

你用尖嘴戳进树皮，

挖掘一眼甘甜的水井。

泉水源源流淌，

你美美地吮吸享受。

啊！美好的时光往往太过短暂！

环顾左右皆是强盗，

还有那些游手好闲的流浪儿，

都发现你掘了一口甘井。

它们干渴难耐，痛苦地蜂拥而来，

想要分享一点你的甜浆。

小心点儿，我的小蝉儿。

这群饥渴难耐的盗贼，

先是彬彬有礼，

转眼就会变为无耻暴徒。

它们不甘于只是润润嘴唇，

更不满足于你的残羹剩饭，

它们高昂着头，想要占有全部。

它们将会得偿所愿。

它们似钩一样的爪子，肆无忌惮地摆弄你的翅膀。

在你宽阔的后背上，

不停地爬来爬去，

挠你的嘴，拽你的角，撕你的脚趾。

它们把你撕扯，使你发怒并惆怅。

你向这帮强盗喷去一泡尿，

喷向这群强盗，然后离开树枝。

可你的甜水井被抢占，无赖们满心欢畅，狂笑不止，

舔着沾满蜜浆的嘴唇。

在烈日炎炎中，在你的井边，

苍蝇、大胡蜂、胡蜂、金龟子……

各种骗子和无赖不知疲倦拼命喝水。

而最无赖、最过分、最可恨的是蚂蚁，

它一心要把你赶走。

它踩你的脚趾，

它挠你的脸，

它夹你的鼻子，

它钻到你的肚子里，

它还爬上你的翅膀，胆大包天地跳着舞步，

上上下下。

二

✐ 词语在线

豁然：开
悟的样子。

我豁（huò）然发现，

老人们讲的那个故事是多么不可信啊！

他们说，

冬日的一天，富裕的蚂蚁正在太阳下，

翻晒沾有露霜的麦粒，

准备装进粮袋，藏进地窖。

这时候的你，<u>饥肠辘辘</u>，身上发冷。

你低着头，

悄悄地，

来到蚂蚁贮粮的大地窖前。

"天寒地冻，北风凛冽，

我觅食无得，饥饿难当。

请从您小山似的粮堆中借一点给我吧，

我保证会在甜瓜成熟的时候，

一定加倍归还。"

你眼泪汪汪，等待施舍。

借你一点麦粒？

你还是走吧，

让蚂蚁借给你粮食就是痴（chī）人说梦。

那一堆堆的粮食，

你一点也不会拿到的。

<u>"走开吧，刮碗底去吧。</u>

<u>你夏天唱得那么张扬，</u>

<u>就应该在冬天挨饿受冻！"</u>

古老的寓言就是这样讲的，

它告诉我们就应该做个小气鬼，

紧紧看护好钱包……

让那些懒蛋去挨饿吧！

可是，寓言家实在是天马行空，

竟然说你冬天去寻找苍蝇、虫子、麦粒，

这些可都不是你的食谱啊。

麦粒！天哪，你用它来做什么？

你有你的甘泉，

你无所求。

寒冬与你无缘！你的子孙后代在地下酣眠，

而你也将离开人间。

你的躯体慢慢落下，生命走到了终点。

一天，蚂蚁将你当作食物，

在你空空的躯体上，

讨厌的蚂蚁相互争抢，

你的胸腔被掏空，你的躯体被撕成了碎片，

当作腌货储存，

冬日里大雪纷飞，这可是美味佳肴。

三

这才是事实的真相，

与寓言所说的大相径庭。

该死的蚂蚁，你们有什么感想？

啊，市侩之徒，

尖爪利钩，挺胸腆肚，

驮着保险箱横行世上。

混账的，你们反唇相讥，

说艺术家不付出劳动，

还说蝉是懒蛋，就应该遭殃。

快不要说话了！当蝉钻透葡萄树皮，

你们却在偷吃偷喝，而它死后，

你们也不肯放手。

我的朋友用他所熟悉的普罗旺斯方言，为蝉平反了，寓言的污蔑也就成为了笑话。

　　夏至快到的时候，第一批蝉出现了。在行人熙攘、被太阳炙烤、被踩得结实的小路上，都能看见一些像大拇指一样大小的孔洞，这是蝉的幼虫爬出时留下的。

词语在线

大相径庭：表示彼此相差很远。

名师点评

普罗旺斯是法国东南部著名的旅游胜地、薰衣草之乡，是动植物的乐园，在那里人与自然的关系非常亲近。

只有耕过的土地没有这样的小洞。这些洞一般出现在干燥的地方，特别是在道路两边。

蝉的幼虫有非常锋利的工具，可以按需求穿透泥沙和干土，它们特别喜欢硬的地方。

阳光照在我家那面朝南的墙上，光线反射到了花园的一条甬道上，使那里极为酷热，仿佛到了塞内加尔。在这条小径上就可以发现很多蝉出洞时留下的洞口。

我六月底前去看这些被遗弃的洞穴，地面非常坚实，我要用镐（gǎo）才能刨（páo）动。这使我不得不佩服蝉的本领。

洞口是圆的，直径大概两厘米半。四周没有发现一点儿浮土，更没有推出洞外的小土堆。

从这些很容易看出，蝉的洞不同于食粪虫这帮挖掘工的洞，因为食粪虫的洞上面堆着一个小土堆。很明显，两者采用了不一样的工作程序。食粪虫挖洞是从地面向下挖，它先挖洞口，接着往下挖洞身，然后把浮土推到地面上来，堆成小土丘。而蝉的幼虫则恰恰相反，它是从地下往地面挖，最后才打开洞口。洞口是最后的一道程序，洞打开后自然不用清理浮土，因为根本就没有浮土可清理。

蝉的洞深约四十厘米，圆柱形，随地势变化而弯曲，但不会太偏离垂直线，因为垂直的距离是最短的。洞内

名师点评

这句话用对比的方式说明蝉幼虫挖掘洞口的过程，同时体现出作者对蝉的了解，可见作者观察的细致、治学态度的严谨。

是畅通无阻的，不会在洞内发现浮土。洞底是个死胡同，做成了一个敞亮的小房间，四壁光滑，没有与其他通道相连的痕迹。从洞的直径和长度来看，大约要挖出两百立方厘米的土。那这些土到哪里去了？还有，在干燥的土中挖洞，如果在钻孔的时候没有保护措施，洞身和洞底的墙壁应该是粉末状的，很容易塌方。不过，我很惊讶地发现洞壁上竟然有被粉刷过的痕迹，上面涂了一层泥浆，虽然说不是很光洁，但是，泥浆将粗糙的洞壁给糊住了。因此，洞壁上的土就不会那么容易落下来了。

词语在线

塌方：因地层结构不良、雨水冲刷或修筑上的缺陷，道路、堤坝等旁边的陡坡或坑道隧道的顶部突然坍塌。也说坍方。

蝉的幼虫可以自由地从地面钻到洞底，从洞底钻到地面。而它锋利带爪的脚却没有引起塌方、堵塞通道，使它上不能、下不得。矿工使用支柱与横梁支撑坑道，地下铁路建设者用钢筋水泥加固隧道，而蝉的幼虫用泥浆粉刷墙壁，简直可以说是个出色的工程师。

如果一只幼虫正准备在附近的树枝上蜕变成蝉的时候，我不小心将它打扰，它就会在第一时间里顺着树枝向洞内爬。这就表明，蝉的地洞就算是被遗弃了，也不会被堵塞。

这个洞穴不是幼虫急于出来而草草造就的，这是一座货真价实的地下小城堡。洞内经过粉刷的墙壁很好地说明了这个洞是幼虫长期生活居住的地方。如果只是弄好一个简单的出口而没多长时间就要废弃的话，那就用不着这么费事了。它还有一个作用，即作为气象观测站，幼虫即便在洞里也依旧能对洞外的天气情况一清二楚。幼虫长大后，就要往外爬，但是洞穴外面的天气如何，是否适合现在出行，这样就需要正确判断天气状况。它往往会根据洞口的土层变化来判断天气的阴晴。

蝉的幼虫在几周，甚至是连续几个月的时间里，都在耐心地挖土、清理通道、加固垂直的洞壁。在洞口和地表之间往往会保留一指厚的土层把自己和外界隔开。它还会花大量的精力在洞底建造一个适合居住的小房子。

幼虫会根据天气预报来决定自己的行程。如果天气不好，它就会在屋子里休息；如果它感觉天气稍微好转的时候，它就会爬到高处，依据那薄薄的土层对外面的温度和湿度进行探测。幼虫最害怕狂风暴雨。如果探测到天气很好，它就会用它锋利的爪子将地表那层薄薄的土捅破，然后小心谨慎地钻出来。这些现象都表明，蝉的洞穴不仅是用来生活的，还是一个等候室，一个气象观测站，这可能也正是蝉粉刷墙壁的原因：它要在这个小小的屋子里打持久战。

虽然如此，还是有几个难解的问题。首先，幼虫挖出来的那些浮土到底运到哪里去了？这么多的浮土不仅在洞外没有被发现，连洞内也丝毫不见其踪影。其次，那些土那么干燥，它是用什么办法让其变成泥浆涂在墙壁上呢？回答第一个问题，需要找一些蛀蚀木头的虫子，如天牛和吉丁等幼虫帮忙。这种幼虫能够在树干里钻洞，会用大颚和胃一边挖一边吃。像这样，挖出来的东西从挖洞者身体的一头经过到达另一头，会被消化吸收极少量的营养成分，剩下的则被随之排泄掉，在幼虫的身后留下，所以幼虫也就无法再次返回了，因为此时通道已经被完全堵塞了。不过，这种用胃或大颚进行的最后的分解，毕竟可以把一部分挖出来的东西消化吸收，这样就会给幼虫挤出一块很小的地方来，使它能够在那里面干活。只是这个地方太小了，仅仅够一个囚徒行动。

蝉的幼虫是不是也是采用这样的挖掘方式呢？显然不是，蝉的幼虫体内是不可能分解消化那么多浮土的，即便是十分松软的腐殖土，幼虫也不会将其当作食物吞到肚子里。但是，随着工程的进展，幼虫会把挖出来的浮土抛到身后吗？

对于在地下要度过四年漫长生活的蝉来说，它不会一直待在同一个洞底，因为地洞只是它爬上地面前的临时住所。幼虫需要将自己的吸管从一个树根插到另一个树根汲取营养。这一点是毋庸置疑的：每当逃避寒冷的冬天，或是搬迁到一个更适合定居且有更加舒适的饮料

名师点评

为了生存，蝉幼虫需要千辛万苦在地下挖掘一条又一条地道，这说明了它们生存的艰辛。

供应点时，它就会另挖一条地道。至于挖动的泥土，显然是抛在身后了。它也像天牛和吉丁的幼虫一样，只需要很小的空间来行动就可以了。一些容易压缩的潮湿、松软的土在它看来就如同天牛和吉丁幼虫消化过后的木质糊糊。压缩这样的泥土还是很简单的，只要堆积起来就可以了。困难的是在干燥的土中挖掘而成的蝉洞，毕竟干燥的土是很难进行压缩的。

目前，有这样一种可能性，但还没有足够的证据来证明：幼虫在开始挖掘的时候，就将浮土放在了身后一条事先准备好却看不见的通道里了。可是，从洞的大小来看，找到能够存放如此多浮土的地方是具有很大难度的，你肯定会对其产生怀疑，你会问："只有具备了足够大的空间才可以储存这么多的浮土，可是在成就这个大空间时同样会产生更多的浮土，如此下去，浮土处理的问题还是得不到解决。岂不是无限循环了？"无止境的反复，何时是头？显而易见，仅靠把浮土压紧压实抛到身后来解释空间出现的问题的说法不够充分。如何处理这碴事的浮土，蝉肯定另有法宝。让我们试着揭晓这个法宝。

细心观察的话，你会发现钻出地洞的幼虫的身上总是多多少少地会带着一点干或湿的泥土。它的挖掘工具前爪尖上附有许多泥土颗粒，其余的爪子像是戴着泥手套，背部还会盖着一床很好的泥土被子。它看上去就像是下水道的清洁工。我们在想，从干燥的地方爬出来身上怎么会有这样多的污泥呢？对此，我们感觉不可思议。我们能够想到它会满身尘土，但绝对不会想到它会全身污泥。

蝉洞的秘密随着这个线索慢慢地被探索、揭开，因为我挖出了一只正在专心挖掘洞穴的幼虫。很幸运的是，我从幼虫挖掘的过程中有了惊人的发现：蝉洞大约有大拇指那么长，没有丝毫的堵塞物，洞底有一间很好的休息室。蝉的一切工作都尽收眼底。

我看见了这个勤劳的工作者所付出的一切：眼前的这个幼虫与出洞的幼虫相比，更加苍白，大而白的眼睛似乎看不清东西，对啊，在地下又怎么会用得到眼睛呢？当幼虫出了洞，眼睛才会变得黝黑明亮，那个时候它才能看见东西。之后出现在灿烂阳光下的蝉必定要学会寻找，有时候还会远离洞口去寻找更合适的树枝来进行蜕变。这个时候眼睛也就起到了关键性的作用。它兢兢业业辛勤劳动，在准备蜕变的期间完成视力成熟，这充分证明幼虫的上行通道不是仓促之间完成的。

此外，我发现这只苍白、盲眼的幼虫体形比成熟时大。它像是得了水肿病似的，体内全部都是液体。你用手指用力捏它时，它的尾部会渗透出清凉的液体，弄得你手

✐ 词语在线

不可思议:
不可想象，不
能理解。
蜕变:（人
或事物）发生
质变。

指湿漉漉的。我不清楚肠内排放出来的这种液体是尿液还是吸收液体的胃消化后的残汁。不过，为了方便我的表述，还是暂且称之为尿液吧！这个尿液就是它的法宝。幼虫在向前挖掘之前先用尿液浸湿身边的泥土，然后将泥土弄成糊状，紧贴在墙上。这个湿土很有弹性，很容易地就糊在了之前干燥的土上，并成为泥浆，渗透到粗糙的泥土缝隙里。最里层是最稀的，然后幼虫经过一层层地贴墙、挤压，这样就能留下一条十分畅通的通道了，而浮土被泥浆粉刷以后，变得更加紧密和匀称。

这样，那让人难以理解的满身污泥就迎刃而解了。因为它是在潮湿黏糊的泥浆中工作的啊。幼虫成熟以后，不会再过着像矿工一样干着脏活、累活的日子了，但是它不会将尿袋丢弃，因为那将会变成它的秘密武器。当你想要靠近它进行观察的时候，它会毫不怠（dài）慢地向你喷洒尿液。

大家此刻都知道，无论蝉处在什么样的阶段，它都是喜欢干燥环境的，但它却是位了不起的浇灌者。然而，即使幼虫体内积满了液体，要想将整个洞内的干土弄湿也是不容易的，当蓄水池干枯的时候，又该如何再次储水呢？而储水又要去哪里寻找水源？我想我将能得到答案了。我小心地挖开几个完整的洞口，发现在洞壁上有一些如铅笔粗细、麦秸管一般的生命力很强的树根须。洞口处能看见的只有很短的几毫米树根须，而其他的部分都在周围的土里。这样的设计是一时的偶遇还是刻意寻找的呢？我更赞同后一种答案，因为我总是会在小心地挖掘地洞的时候，见到这样的根须。其实，蝉从挖洞建造洞室的开始，就是先要仔细寻找到一个有新鲜的小树根的地方才开工。它让树根露出一小段，其余部分则嵌在洞壁上而不显露太多。这液汁我想也就是来自洞壁上了，只要有需要，幼虫便从这里达到补充自己尿袋的目的。一旦在和泥时将尿液用完，它就会回到自己的小屋将吸管插入根须以吸取足够的水分。灌满尿袋之后，它再次爬回去，继续将硬土弄湿，再用爪子将泥浆拍实、压紧、抹平、糊在洞壁上，于是畅通无阻的通道便形成了。情况大致就是如此。因为不能到洞底去，所以不能直接观察到，但是这一结论通过逻辑推理等多种情况得到了证实。

假设没有根须这泉水眼，同时幼虫体内的蓄水池也无水了，那时的情况会是怎样呢？下面的实验会让我们知道答案。我抓到了一只从洞底向上爬的幼虫，用试管将它装起来，将它放到底部，再将试管填满松软的干土，将它埋在土里了。这个1.5分米的土柱子比它刚才离开的那个地洞高三倍，虽然土质一样，但地面的土要比试管

名师点评

作者用问句引领下文，在安排段落结构时这是一种很好的方式，使问题清楚明了，便于读者理解。

的土硬许多。被我埋在那短小管状的土柱子里的幼虫能否重新爬出来呢？一旦它努力，肯定能爬出来。对于身经百战的幼虫来说，一个并不坚固的土堡垒会成为困难吗？

可我还是有点担心。为了推倒将它与外界隔开的屏障，幼虫耗去了它储备的全部液体。因为没有活的根须了，它的尿袋没能再次灌满，尿袋干了。我对它的担心不是没有道理的，果不其然，三天过去了，我看见耗尽体力的幼虫，还是没能爬上最后那一拇指的高度。它动过浮土，可是无黏合剂就不能当场黏合，更没办法使浮土固定住，一拨开就塌了下来。如此一遍又一遍地挖、爬，但成效很小。在第四天的时候，幼虫耗尽体力而死。如果幼虫的尿袋是满的，那结果就不同了。于是我又抓了一只尿袋很满的甚至全身浸满尿液的幼虫进行了一模一样的实验。对于它来说这工作太简单了，这松软的土对它似乎没有任何的阻力。

幼虫用一点尿液汁滋润了自己的身体后，很快地将土和泥浆黏合在一起，紧接着就是将它们分开、抹平。地道就这样形成了，虽然不是十分的规整。伴着它一步步地往上爬，它的背后的通道几乎被堵住。似乎它知道无法给自己补给水分，因此它只好省下体内的每一滴水，争取早日离开这个陌生的地方。不到生死关头，幼虫绝不轻易使用那宝贵的水。十几天后，它终于胜利地爬了出来，这多亏它的算盘打得精啊。出来后的它，嘴张得大大的，如钻头钻出来的孔一般。幼虫为了寻找一个空中楼阁在附近转悠了一番，然后它仰着头用前爪牢固地抓住枝干往上爬，要是树枝还可以放下别的爪子，那它一点也不费劲地就全都抓住；相反，要是无地方再容纳别的爪子，有它的两只前爪钩住也就足够了。接下来，它稍作休息，让抓着枝干的爪子硬起来，变成扎实的支柱。在之后不到半个小时的时间里，幼虫先是背部的中间逐渐裂开，然后蝉从裂缝中钻出来。钻出来的蝉变了一副全新的面容，两个翅膀湿湿的有光泽，沉重且明亮，一条浅绿色脉络在上面；褐色的胸部，浅绿色也分布在身体的其他部位，还有一块块的白色斑块。在阳光和空气的滋养下，弱小的生命越来越茁（zhuó）壮，身体的颜色也越来越深。

最后，它的身体色彩变得更深了，并逐渐变成了黑色。此过程前后约半个小时，九点钟悬在树枝上的它在十二点半的时候在我的注视中飞走了。

那牢牢挂在树枝上的旧躯壳很完好，除了背部的那道裂缝，秋天的风也没能将它吹落。你时常会看见有的蝉壳在树上一挂就是好几个月，姿态如幼虫蜕变时那样

名师点评

蝉蜕依然有如此强的抓力，一方面说明蝉在蜕变的过程中要用很大的力气；另一方面突出了蝉坚忍的意志。

完好无损，甚至整个冬天都不会掉。这种旧的躯壳如
干羊皮般十分的坚硬，仿佛是蝉的替身在守望它的往
日今朝。

感叹的是乡下邻居的那些关于蝉的传说，可要是我
对它们毫无质疑地讲出来，那就讲不完了。我就说一个
听来的故事吧，仅此一个。

你曾经受过肾衰之苦吗？因为水肿导致走路摇摇摆
摆过吗？那你有没有想过可以得到一种治疗此病的奇方
妙药呢？告诉你农村就有这个神奇的药，那就是蝉！盛
夏，农民们会将成虫的蝉一个个地搜集起来，穿成一串
一串地放在太阳底下晒干，等晒干了将其摆放在衣柜的
角落。当哪位家庭主妇没在七月把成蝉串起来晒干收藏
的时候，她就会责怪自己。

当你感觉自己肾脏发炎，并且小便不顺的时候，怎
么办呢？熬蝉汤药是最好的治疗秘方。听说它的效果很
不错。有一回，我全身不自在，也不知道是哪里的原因。
我就喝了一位好心人给我熬的蝉汤药，开始我什么也不
知道，事后他告诉我，我才明白。我十分感激这位善良
的人，但是我对这个偏方还是有点疑惑。让我意外的是，
阿那扎巴的老医生迪约斯科里德也推荐用这种药方，他
说："蝉，干嚼着吃下去，可治膀（páng）胱（guāng）

疼痛。"自从佛塞来的希腊人将蝉、橄榄树、无花果树和葡萄等这些东西带到普罗旺斯之后，普罗旺斯的农民就把它们当作珍宝一样。只要身体稍有不适，迪约斯科里德就推荐烤蝉吃。如今大家都用蝉来煨汤、做煎剂。

要说蝉是利尿的药材，那就真的是天真无知了。我们知道，想抓蝉的时候，它会立刻冲你撒尿，然后就飞走了，这是众所周知的。看起来，仿佛是蝉在向人炫耀自己的排尿能力，所以迪约斯科里德和他那个时代的人都以此为由推行这个秘方，我们普罗旺斯的农民到现在还深信不疑。

哎，和善的人哪！你如果知道了蝉的幼虫可以用尿和泥来建自己的气象站，你会怎么想？拉伯雷描绘过这样一个场景，高康大坐在巴黎圣母院的钟楼上，用自己那巨大膀胱里撒出的尿淹死了巴黎的闲散人等。你如果知道了这个故事，还会相信蝉可以利尿吗？

名师点评

拉伯雷是文艺复兴时代法国著名的作家，他的代表作《巨人传》中的高康大是一个巨人。

品读赏析

蝉的一生都在忙忙碌碌中度过，从幼虫到成虫，不仅要完成工作量巨大的挖掘工作，还要努力地为蜕变做准备。及至成虫，则会在高歌一个夏天之后悄然逝去，成为蚂蚁的食粮，或者被人类当作药材。本文作者描述蝉、赞美蝉的勤劳精神，通过这种精神告诉我们：只有付出努力，才能得到回报。

写作积累 XIEZUO JILEI

彬彬有礼　肆无忌惮　饥肠辘辘　天马行空　大相径庭
反唇相讥　兢兢业业

·蝉儿啊，泉水即可成为你的甘甜饮料；你用尖嘴戳进树皮，挖掘一眼甘甜的水井。泉水源源流淌，你美美地吮吸享受。

·你有你的甘泉，你无所求。寒冬与你无缘！你的子孙后代在地下酣眠，而你也将离开人间。

·矿工使用支柱与横梁支撑坑道，地下铁路建设者用钢筋水泥加固隧道，而蝉的幼虫用泥浆粉刷墙壁，简直可以说是个出色的工程师。

·你时常会看见有的蝉壳在树上一挂就是好几个月，姿态如幼虫蜕变时那样完好无损，甚至整个冬天都不会掉。这种旧的躯壳如干羊皮般十分的坚硬，仿佛是蝉的替身在守望它的往日今朝。

思考练习

1.蝉的幼虫在地下靠什么维持生命呢？
2.蝉的幼虫是怎样粉刷自己洞穴的墙壁的？
3.蝉的成虫在树上吃什么呢？

灰蝗虫

蝉的蜕变在《蝉和蚂蚁》篇中已经详细介绍过了，本篇作者要介绍一种更善于蜕皮的昆虫——灰蝗虫。灰蝗虫有什么独特之处呢？它们的蜕变是否和蝉一样呢？相信你阅读完本篇，会对灰蝗虫有所了解。

我刚刚发现了一件激动人心的事：一只蜕变的成虫从幼虫的壳中钻出，真是一个壮观的场面。那是一只蝗虫家族中的巨人——灰蝗虫，九月葡萄收获时节，我们可以在葡萄树上轻易地发现它。它的身体长达一指，比别的蝗虫更容易观察。

灰蝗虫的幼虫胖而丑陋，已初显成虫的样子，通常呈嫩绿色，有的也呈青绿色、淡黄色、红褐色，甚至有的已和成虫一样是灰色了。它的前胸，呈明显线形，有小圆齿，上面布满了细小的白斑和凸起物。它已经有成年蝗虫的粗壮有力的后腿，上面有红色的纹路，长长的小腿生有双面锯齿。过几天，鞘（qiào）翅将会超过肚腹许多，但如今仍是两片不怎么起眼的三角形小羽翼，其上部边缘紧靠前胸，下部边缘朝上翘起，看似尖形挡雨檐（yán）状。此时的鞘翅勉强能挡住赤裸着的蝗虫背部，就像西服的垂尾，因为料子不充裕只能将尺寸缩小，粗糙制成。鞘翅掩护着的是两条小带子，很细小，那是和鞘翅相比更短小的翅膀的胚芽。虽然灵活而美丽的羽翼很快就能长成，但眼前还是两块为了节约布料而被剪得支离破碎的布头。这堆破碎的东西里会跑出来什么呢？是一对非常宽大而美丽的翅膀。

让我们认真地查看一下事情发展的过程。待幼虫感到它已长大到能够开始蜕变时，就会用后爪和关节抓住网纱，然后前腿收回，交叉放在胸前以示准备，用来撑起背向下躺着的成虫转过身来。接着，鞘翅的鞘——三角形小翼——成直角伸展开其尖帆，最后，细小带子在伸展出的缝隙处中间竖起且微微展开。至此，两个蜕皮的前期准备工作已经稳稳妥妥地做好了。

首先，一定要使旧外壳裂开。因为反复收放，所以在前胸前端下部产生了推动力。在颈部前端，也许要裂开的外套遮掩下的整个身子都在做着这样的收放运动。

关节部分的薄膜很薄，因此人可以清晰地看到这些赤裸部位的收放运动。由于护甲挡住了前胸的中央部分，所以没法看见了。昆虫的血液一进一缩地流淌在蝗虫的中间位置，像液压打桩机那样一下下地撞击着。血液这样冲撞、击打，终于使外皮最后顺着最小的一条细线裂开。顺着前胸的流线体而张开的裂缝，好像从两个对称位置的焊接线断开来一样。之所以必须挑选从这个相对薄弱的中间部位开裂是因为外壳的其余部分都结合得很紧实而不能挣开。裂开的缝隙稍有一点向后延伸，下达羽翼的接连处，之后转到头部，再到达触须底部，从这儿区分为左右短叉。

自这个裂口显露出来的背部，柔嫩苍白，稍带灰色。只见背部慢慢地拱起，并且越来越高，终于从壳中露出来了。之后，头也跟着从面具里抽了出来，面具丝毫不损地留在了原地，唯独两只玻璃状的眼睛却什么也看不见了，看起来很怪异。

触须的套子看不到一点皱纹，完全为自然状态，挂在显得半透明而又了无生气的脸上。触须未遇上一点麻烦地从紧致狭小的外壳中钻出来了，因此外壳没能转向、变形，以至于一点褶皱都没弄出来。触须的大小与外壳大小一样，而且同样是有节的，但是它对外壳没有造成一点损坏，就轻松地从里面钻了出来，就如同一个十分光滑的物体从一个毫无障碍的管子里滑出来一般。更使人感到震惊的是，后腿的伸出也是那样的简单轻松。

此时，该前腿和关节部位脱离臂铠和护手甲了，仍然没发现一点撕裂、褶皱或自然位置的变化。蝗虫只是用很长的后脚爪子抓住网罩，垂悬吊着。我触碰了一下纱网，它就像摆钟似的晃动起来。它用来支撑的就是四个又细又小的弯钩。

假如这四个弯钩不小心松开了，这只蝗虫就会摔下来，一命呜呼，因为在空中那庞大的翅膀现在还是不能张开的。可是，它们会紧紧地抓着，因为在它们从外壳伸出来以前，生命就给予了它们顽强的性格。因此，在以后的日子里它可以稳稳妥妥地承载着挣脱外壳的命运。

✎ 词语在线

一命呜呼：指死（含诙谐或讥讽意）。

现在，鞘翅和翅膀正在出来。那是四个窄小的碎片，一些条纹隐约可见，形状如同被撕裂的小纸绳，最多也只有成虫长度的四分之一。它们还很柔弱，无法支撑起自身的重量，耷拉在头朝下的身子两侧。翅膀末端无所依傍，原本该冲着后部，但现在却在蝗虫的头部。现在看到的蝗虫的飞行器官，宛若四片肉乎乎的小叶子被暴风雨摧残过后破落不堪的样子。

为了让自己日臻完美，它必须进行一项深入细致的工作。这项机体内的工作甚至已经在充分地进行着，就是把黏液凝固，让不成形的结构定型。可是，从外面丝毫发现不了里面在进行的这项神奇的实验。从外表看上去蝗虫仿佛已经死了，一点生气都没有。在这段时间里，粗大的后腿挣脱、呈现出来，向内的一侧呈浅粉红色，然而不久就变成了鲜艳的胭脂红。后腿出来很容易，把收缩的骨头一伸，道路便毫无阻碍了。

可是小腿却大不相同。当蝗虫长成成虫时，整条小腿上竖着两排坚硬锋利的小刺。另外，下部顶端有四个有力的弯钩。这是一把货真价实的锯，它有着两排平行锯齿，非常强壮有力，要不是小了些，简直能跟采石工人的大锯相媲美。

幼虫的小腿结构与大腿相同，也是裹在有着相同装置的外壳里。每个弯钩都嵌在一个同样的钩壳之中，每个锯齿都与另一个同样的锯齿相啮合，并且咬合得相当紧密，就算是用刷子在上面刷层清漆来代替这要蜕去的外壳，也比不上它们咬合得那样严丝合缝。但是，胫骨的这把锯子从中蜕出来时，紧贴着外壳的任何地方都丝毫未损。倘若我不是一而再、再而三地认真观察，我是很难相信的。留下来的小腿护甲毫发无损，完整无缺。

无论末端的弯钩还是双排锯齿都没有弄坏一点柔软的外壳。那细嫩的外壳吹弹可破，而尖利的大耙在其间滑动却没有留下一点擦伤痕迹。

这种情况我从始至终都没有料到。看到那披着刺棘的铠甲时，我以为小腿上的外壳会像死皮似的一块块脱落，或者被擦碰掉下。但事情完全出乎我的意料！

弯钩和刺棘不费吹灰之力地从薄膜里出来了，要知道这些刺会让蝗虫的小腿变成一把可锯断软木头的锯子呀。脱下来的外壳靠着其爪状外皮，钩在网罩的圆顶上，没有丝毫的褶皱和裂缝，即使用放大镜也找不到任何硬擦伤。外壳蜕皮前后一模一样。那蜕下的护胫也同那条真腿一样，无丝毫的不同。

谁要是让我们把一把锯子从紧贴着它的很薄的薄膜套里抽出来而又不让薄膜套有所损伤，我们必然会一笑置之，觉得这是痴人说梦。但生命却开了个玩笑，嘲弄了这类一笑置之。生命在必要时总有办法让看起来荒诞的事情变为现实。蝗虫的爪子便向我们说明了这一点。胫骨锯脱套之后是那样的坚硬，那么要是不弄破紧紧裹着的外壳，它就根本没办法出来。但困难被它绕开了，因为胫甲是它唯一的悬挂带，它必须完好无损，才能为蝗虫提供坚固的支点，直到脱皮全部完成。

词语在线

一笑置之：笑一笑就把它搁在一旁，表示不拿它当回事。

正在努力挣脱的腿还不能行走，它还没有达到足以行走的那种坚硬度。它很软，非常容易被压弯曲。我对它的蜕皮部分做了实验，我把网罩倾斜，便会看到已经蜕皮部分因受重力影响，随我的意愿在弯曲。细小的带状弹性胶质也失去了弹性。不过，用不了几分钟它就会坚硬起来，达到它所必需的硬度。

再往前找，在我所看不见的被外套遮住的部分里，小腿肯定要软，处于一种非常有弹性的状态，或者可以说是流体状的，致使它几乎能像液体似的从通道中流出来。

小腿这时候已有锯条的锯齿结构了，但不像它出来以后那么锋利。确实，我能够用小刀尖为小腿部分剔去外壳，并拔除被模子紧裹着的小刺。这些小刺是锯齿的胚芽，是柔嫩的肉芽，微受外力就会弯曲，外力消失又立刻恢复原状。

这些小刺全部向后仰倒，方便蜕出，而随着小腿向外伸出，它们也在逐渐地竖起、变硬。我不是单纯地观察把护腿套蜕去，露出在盔甲中已成形的胫骨，而是进一步观察一种令我惊讶不已的快速诞生过程。

螯虾的钳子在蜕皮时要从坚若石头的旧套中把两只手指的嫩肉挣脱出来时，情况几乎也是如此，但细腻精

名师点评

作者用对比的修辞手法，用螯虾的蜕皮来与灰蝗虫比较，足以证明灰蝗虫蜕皮更精细。

准的程度却比蝗虫差远了。

现在，小腿终于解脱了。它们软软地折进大腿的股沟里，一动不动地成长起来。紧跟着，肚腹上的皮蜕了，它那件精巧漂亮的外衣有了皱纹，一直往上蜕到顶端，而顶端还需在壳里卡一会儿，除了这，蝗虫的整个身体已经都露在外面了。它垂直地悬挂着，头朝下，由小腿护甲的钩爪钩住。

蝗虫被破烂衣衫固定着的后部，一动不动。它的肚子胀得宛若一只圆底锅，看上去又仿佛是被储存的机体液体撑起来了一样，这些液体用不了多久就会被翅膀和鞘翅用上了。蝗虫在养精蓄锐，前后大概持续二十分钟。

接着，只见它脊椎一着力，由倒悬成正挂，用前跗节牢牢抓住挂在头上的旧壳。即使那些杂技演员，在用脚倒挂高空秋千，想要把身子正过来时，腰部也不会用这么大力气。如此用力的一个翻转之后，其他就没什么难做的了。

蝗虫依靠支撑物，稍微往上爬，便碰到了罩子的网纱，这网纱现在相当于蝗虫在野地里蜕变时所常用的灌木。它用四只前爪把自己固定在网纱上，这样肚腹末端就完全解脱了，然后又用力最后一挣，旧壳便掉了下去。

我对这蜕去的旧壳是非常感兴趣的，它使我想起了

词语在线

养精蓄锐：养足精神，积蓄力量。

蝉衣在凛冽的寒风中是怎样牢牢地挂在小树枝上不掉下去。蝗虫的蜕变方式与蝉差不多完全相同，可蝗虫的悬挂点怎么会如此不结实呢？

挺身动作一做完它便全身晃动起来，只要稍微一动便脱落下来。足见这时的平衡很不稳定，这就再一次说明蝗虫从外套中出来时是何等的精确无误啊。

由于我没有找到更好的术语，因此只好用"挺身"这个词了，但事实上这也不是完完全全贴合的。"挺身"意味着猛烈，但是这个动作中没有猛烈，因为平衡不稳定，只要稍微用点力，蝗虫便会摔下来，一命呜呼而干死在那儿，或者至少因为它的飞行器官无法展开而成为一堆破烂。蝗虫并非一根筋地硬闯出来，而是小心谨慎地从外套中滑动出来，似乎有一根柔细的弹簧轻轻地把它弹出来。

我们再来看看那些蜕去外壳之后外表上未见任何变化的鞘翅和翅膀吧。它们依然残缺不全，像是上面有细竖条纹的小绳头。它们要等到幼虫完全蜕皮并恢复正常位置之后才会展开。我们刚才看到蝗虫翻转身子，头朝上了。这种翻身动作完全可以使鞘翅和翅膀恢复到正常位置。原先它们非常柔软地因自身重量而弯曲地垂着，自由的一端朝着倒置的头部。此刻，它们仍然以自身的重量修正着姿态使其处于正常方向。现在虽然已不再有弯曲的花瓣，颠倒的位置也调整了过来，可是这并没有改变它们不起眼的外表。

蝗虫的翅膀完全张开时呈扇形，一束轮辐状的粗壮翅脉横贯翅膀，成为收缩自如的翅膀构架。翅脉间，有无数横向排列的小支架层层叠起，使整个翅膀形成一个带矩形网眼的网络。鞘翅短小粗糙，上面也是同样的方格状网眼结构。而现在，鞘翅和翅膀状若小绳头，看不出这种带网眼的结构。上面仅仅是几条皱纹，几条弯曲的小沟，说明这些残废肢体是由精巧折叠使体积达到最小的织物构成的。

词语在线

轮辐：车轮上连接轮辋和轮毂的部分。

翅膀的展开是从肩部旁边开始的。起初并不见那里有什么变化，但很快便出现了一块半透明的纹区，有着清楚而漂亮的网络。逐渐地，这块纹区用一种连放大镜都无法观测到的缓慢速度在一点点扩展，以至于末端那不成形状的胖东西在相应地缩小。在逐渐扩展和已经扩展的这两部分的连接处，我怎么也没能看出个头绪来，就好像我看不出来一滴水中有什么东西一样。但是，少安毋躁，用不了多久那方块网络组织就会很清晰地凸显出来了。

倘若我们根据初步观察来作出判断的话，我们一定会觉得是一种能够组成实体的液体突然凝结成了带有肋条的网络。我们还会以为眼前的是一种晶体，因为它们颇像显微镜载玻片上的溶化盐。而事实却不是这样。生命在其创作中是不会出现这种突如其来的状况的。

我将一块已经发育了一半的翅膀折断，在大倍数的显微镜下对它做仔细的观察。这一次我非常满意。<u>在逐渐结网的两部分的交接处，这个网络实际上已预先存在着。我能清楚地辨别出其中的已经粗壮的竖翅脉；甚至还能看见其中横向排着的支架，即使它们依旧苍白又不凸显。</u>我成功地把末端的几块碎片展开来，如愿地发现了我想要找的一切。这已经证实：翅膀此刻并不是织布机上由电动梭子生产出来的一块布料，而是一块已经完全织成了的成品布料。它只是缺乏坚硬度和伸展性，用不了费多大事，只要像拿熨斗熨烫衣服时那样稍微一熨就平展了。

三小时过后，鞘翅和翅膀便全部展开了。它们竖立在蝗虫背上，呈一张大帆状，一会儿是无色，一会儿又成嫩绿了，就如同蝉翼开始时的情形。想到此前它们像个不起眼的小包袱（bāo fu），现在却展开得这么宽大，这种变化真令人拍案叫绝。小包袱里怎能装下这么多东西啊！

名师点评

尚未发育完整的翅膀，就已经出现了较为完整的脉络和框架，这证明了作者的一个设想：生命是按照一个设定好的"说明书"来施工的。这一系列相关理论曾对进化论产生过冲击。

童话故事里说过一粒大麻籽儿装着一位公主的整套衣服，而我们这儿所见的是另一粒更加惊人的籽儿。童话里的那粒大麻籽儿不停地生长、繁殖，用了很多年才长出办嫁妆所需要的大麻；而蝗虫的这粒"籽儿"，只用了非常短的时间就长出了一对漂亮的大翅膀。

这竖着四块平板的美妙的大翅膀在慢慢地坚硬起来，开始有了颜色。到了第二天，那颜色就已经定形了。翅膀第一次折合成了一把扇子，贴在自己该在的位置，鞘翅则把外边缘弯成一道钩贴在身体一侧，于是蜕变完成了。大灰蝗虫只需在灿烂的阳光下变得更加茁壮，把自己的外套晒成灰色就好了。且让它先享受着自己的快乐，我们回头再来看看。

先前提到过的，紧身甲顺着底部中线裂开后不久便从外壳中出来了四个残缺不全的东西，包括有翅脉网络的鞘翅和翅膀，这网络即使谈不上完美无缺，但至少从整体看来很多细部已经基本定型。为打开这寒碜的小包袱，让它变成美丽的翅膀，只要使有压力泵（bèng）作用的机体把其储存的液汁注入已经准备好的那里就行了，而此刻是最艰苦的时刻。通过这个事先备好的管道，翅膀便被一股细流撑开了。

但是，鞘翅和翅膀在成形前会是什么样子呢？它们

名师点评

万物的生长都要依靠阳光，无论是灰蝗虫还是蝉，都在追求破壳而出、拥抱阳光。即使是生活在地底下的生物，没有了阳光，它们也将不复存在。

是不是在按照镘（màn）刀状或三角形状的翅膀模具形状发育？与此同时，它们是不是还被反复的褶皱和起伏不平的线条塑造，以织出翅脉的网络呢？

如果我们看到的不是一个真正的模具，我们的思维就可以稍微休息一下了。我们会想：用模具铸出来的东西跟中空部分一样是很简单的。但是，我们脑子的歇息只是表面的，因为我们一定会想，模具那么复杂的结构也得有它的出处呀！我们也不必穷追不舍。对于我们来说，这一切可能都是混沌不堪的。我们只涉及我们所观察到的情况就可以了。

我在放大镜下仔细观察已成熟的要蜕变的幼虫的一个翼端。我看到上面有一束呈扇形辐射开来的粗壮翅脉。其中还夹着其他一些细小而且苍白的翅脉。最末端，还有很多极短的横线，更加微小，弯成了"人"字形状，将这个组织补全了。

鞘翅的粗略雏形已算基本形成。它与成熟的鞘翅相比几乎是天壤之别！与似建筑物梁木的翅脉的辐射状布局完全不同，由横翅脉构成的网络丝毫不像未来的复杂结构。成熟的鞘翅是在粗糙基础上日臻完善的复杂构造。翅膀的翼及其结果，即最终的翅的情况也与此相同。

当准备阶段和最终阶段的实物都展现在眼前时，一

词语在线

镘：抹墙用的抹子。

混沌：糊里糊涂、无知无识的样子。

切就都一目了然了：幼虫的小翼并不是按照翅膀的模样简单加工来的。当打开包裹小翼的外套时，我们惊呆了。我们所盼望的小翼薄膜并没有像一个小包一样被裹在里面，取而代之的是宽阔而无比复杂的翅膀！这就是说，在真正成为翅膀之前，薄膜是一种虚幻的、不存在的状态，然而它又是在变化着的。这时候的薄膜，就好像橡树被包裹在橡树的果实中一样。

我们还发现，小翅膀和小鞘翅的边缘都有一圈半透明的小球。在小球里，有几条模糊的轮廓线条（高倍放大镜才能观察得到），这就是未来的花边雏形。这里十分有可能是生命让其材料演化的场所。

除了上面这些，我们再没看到什么。我们预感到的那个奇特网络一点蛛丝马迹都没有看到。但我们知道，这网络上的任意一个网眼，都将会有自己确切的形状和相当精确的部位。

所以，要使可生成器官的材料具有翅膀状，并构成错综复杂的翅脉网络，就需要比模具更精确、更高级的结构。在这个结构里，肯定有一张十分精确的平面图和一份十分具体的施工说明书，以让每一个微粒都完美地进入预定的地方。

在使用材料的前期，外表形状准确地被描绘出来，早已铺就完成了让塑性液体流淌的管道。建造物的沙石都整齐地放好了，都是按照建筑师设计好的操作说明书来的。首先它们在想象中安排布置，接下来就开始一五一十地堆砌。和这相同，蝗虫羽翼在一个看起来不怎么耀眼的外壳中脱颖而出变成漂亮的花边薄翼，使我们懂得了有另外一名建筑师，生命便是按照它绘制的蓝图去创造的。

生物有各种各样的诞生方式，值得肯定的是还有比蝗虫更让人震惊的方式，话说回来，那些奇迹都在时间这张庞大的帷幕笼罩下悄无声息地开展着。假设我们没有坚持到底的干劲，我们就不会看到那奇特却缓慢的过程中最让人心动的场景。眼下，蝗虫这速度飞快的蜕变过程已异乎寻常，所以我们要全神贯注，哪怕是在犹豫的时候，也不应该放松一丝警惕。

谁要是不想毫无生趣地等候着看生命是如何超出想象地去灵活巧妙地工作的话，那观察葡萄藤上的大蝗虫就是最好的选择。种子出芽，叶子展开，花朵开放，都那么缓慢，不能即刻满足我们的好奇心，但葡萄藤上的大蝗虫却能够很好地帮助我们，代替它们，向我们展示生命变化的秘密，使我们内心得到极大的满足。虽然小草如何缓慢地生长我们看不见，但是蝗虫的鞘翅和翅膀蜕变的过程我们却是能清晰地看见的。

看到这个大麻籽儿在数个小时内就变成了一张漂亮的大帆，真让人惊叹不已。编织蝗虫翅膀的生命啊！你真是个能工巧匠。但在种类繁多的昆虫世界中，蝗虫只是其中不值一提的一种罢了。老博物学家普林尼在谈到它时曾这样说道："葡萄藤上的蝗虫在这个刚向我们指明的人迹罕至的角落里，证明了它是那样强大、聪慧、完整和美丽！"

据一位博学的研究者说，他觉得生命其实也就是物理力和化学力的一种碰撞罢了，他绞尽脑汁，期盼有一天可以用人工的方式获得可以组织的物体，即专业术语里的"原生质"；如果我有这种本领，我必定急于使这位斗志昂扬的人的愿望得以满足。

好，就像这样，你准备好了各种各样的"原生质"；在深入考虑、精心研究、耐心仔细、谨慎小心以后，你的愿望实现了；但你从实验仪器中提取到的却是容易腐坏、几天后就会发臭的蛋白质黏液，总之，就是一种肮脏、不值钱的东西，那你要这东西有什么用呢？

你能不能将它组织在一起呢？你能不能给它包含生命的建筑框架呢？你能不能用注射器将这黏液注入两片不能搏动的薄片之中，从而获得一只小飞虫的翅膀呢？

词语在线

博物：动物、植物、矿物、生理等学科的总称。

蝗虫就是这样来生存的。它把自己的"原生质"注进小翅膀的两个胚层之中，"原生质"在那里化为鞘翅。它之所以能做到这一点，那是因为有我们前面所说的原型作指导。它在迷宫中按照施工说明书进行施工，而这份说明书在开工以前早已存在，甚至比材料本身的出现还要早得多。这些都是形状相似并有所调整的原型，你的注射器针头上有能够事先调整形状的调节器吗？没有！所以，把你的提取物扔掉吧，生命绝对不会从这种化学垃圾中诞生。

名师点评

作者认为人是无法用化学物质组织出生命的，表现出他对生命的尊重和对自然的敬畏。

品读赏析

蝗虫蜕变的一刹那，精彩但却短暂，如果不做细致、精心的准备，不去全神贯注地观察，很难捕捉到这个生命的奇迹时刻。通过作者对蝗虫蜕变过程的描写，我们可以知道作者有过人的耐心和洞察力，这才将这个奇迹时刻栩栩如生地呈现在我们眼前。

写作积累 XIEZUO JILEI

一命呜呼　日臻完美　严丝合缝　一笑置之　养精蓄锐
少安毋躁

·虽然灵活而美丽的羽翼很快就能长成，但眼前还是两块为了节约布料而被剪得支离破碎的布头。

·可是，它们会紧紧地抓着，因为在它们从外壳伸出来以前，其生命就给予了它们顽强的性格，因此，在以后的日子里它可以稳稳妥妥地承载着挣脱外壳的命运。

·谁要是让我们把一把锯子从紧贴着它的很薄的薄膜套里抽出来而又不让薄膜套有所损伤，我们必然会一笑置之，觉得这是痴人说梦。但生命却开了个玩笑，嘲弄了这类一笑置之。生命在必要时总有办法让看起来荒诞的事情变为现实。

·谁要是不想毫无生趣地等候着看生命是如何超出想象地去灵活巧妙地工作的话，那观察葡萄藤上的大蝗虫就是最好的选择。

·这些都是形状相似并有所调整的原型，你的注射器针头上有能够事先调整形状的调节器吗？没有！所以，把你的提取物扔掉吧，生命绝对不会从这种化学垃圾中诞生。

思考练习

1. 灰蝗虫两条强壮有力的后腿主要是干什么用的？
2. 刚蜕皮的灰蝗虫肢体是软的还是硬的呢？
3. 为什么作者认为用化学物质无法组织出生命呢？

绿蚱蜢

绿蚱蜢是一种凶猛的昆虫，也是一个无情的杀戮者，它有强硬的下颚，可以袭击远比自己高大、威武、凶猛的对手，将其开膛破肚。绿蚱蜢究竟是如何凶猛地对待它的猎物的？带着疑问，我们来进行本章的阅读。

七月中旬，最热的三伏天刚刚开始，但这只是气象学说的，早在这张日历到来之前，最热的天就已经来了。最近这段日子，真可以说是烈日似火。

今晚，国庆晚会正在村子里进行着。村里的姑娘和小伙子们正高兴地围着一堆篝火在跳着舞，火光撒到了教堂的钟楼上，"嘭啪嘭啪"的鼓声伴随着"钻天猴"的烟花响声。在昏暗的一角，我一个人趁着夏夜九点的相对凉爽认真聆听田野上那愉悦的、庆祝丰收的音乐会；

名师点评

法国的国庆日是每年的 7 月 14 日，是为纪念 1789 年 7 月 14 日法国大革命揭开序幕而设立的。这一天会进行热闹的庆典活动。

这里相比村中广场上正在燃放的烟花、篝火、纸糊的灯笼，特别是由烈性烧酒组成的节日舞会，更加精彩。它虽朴实却美丽，虽平静却又有威力。

夜已经很晚，蝉也停止了歌唱。它们白天饱受烈日的烤晒，无止境地用尽力气去唱歌，而夜晚来临，它们需要休息了，它们却往往被打扰得无法安然入睡。在梧桐树那又深又密的枝杈间，会突然地传来一声像哀叫一样的闷闷的响声，不但短促而且凄惨。这就是蝉被绿蚱蜢瞬间袭击而发出的绝望哀鸣。绿蚱蜢也算是夜晚凶悍残暴的猎手，它向蝉扑去并拦腰将它搂住，将它开膛破肚，掏心挖肺。耀舞欢歌的背后，竟然是杀戮！

在我的居所周边，好像绿蚱蜢并不多见。去年，我曾经打算要仔细地研究一下这类昆虫，但是从未找到它。因此我乞求一位守林人帮忙，他最终帮我从拉加尔德高原找到了两对绿蚱蜢。那里是酷寒之地，山毛榉现在爬满了旺杜峰。

好的运气常常要先捉弄一番，然后才会对顽强不屈者微笑。在以往找了很久都没发现的绿蚱蜢，这年夏天就随处可以看到了。我都没必要离开这个狭小的园子就能抓到它们，并且想抓多少就抓多少。每个夜晚我都能够听到它们在茂盛的丛林中躲着唱歌。我必须把握好这个时机，它一旦失去就不会再来。六月开始，我就把我抓到的那一对对绿蚱蜢丢进了一只有着金属网的钟状的罩子下，罩子下面有瓦罐，一层沙子铺在里面做底。这俊美的昆虫实在是太令人惊奇了，全身浅绿色，两条浅白色的带子在身体两侧。它高雅的体态轻盈健壮，两只大翅膀和罗纱一样。我为能抓到这样的俘虏（lǔ）而扬扬得意。它们会使我明白些什么呢？边观察边说吧。此时要先把它们喂饱养好。

我用莴（wō）苣（jù）的叶子去喂养这些牢囚。它们还真在啃嚼，但是吃得少，完全爱理不理的架势。因此我很快懂得我喂养的是一群不愿食素的昆虫，显然它们需要吃一些肉类食物，看上去是想要捕捉活食。但到底是哪种肉食让它喜欢呢？一个意外的机会让我知道了这一秘密。

天亮的时候，我在门前溜达，突然发觉旁边一个梧桐树上落下了什么东西，还在吱吱地叫。我很快地跑了上去，是一只蚱蜢在掏一只蝉的肚腹。蝉大声叫着、挣脱着，但都无济于事，还是被蚱蜢一直咬着不放，内脏也正遭到蚱蜢的撕拽，一小口一小口地被吃掉。我突然知道了：蚱蜢是早晨在树上趁蝉休息时进行袭击的，蝉因受突然袭击而拼命挣扎，于是袭击者和被袭者就扭在一起掉落下去了。从那以后，我多次看到过类似的宰杀场景。我见过胆识过人的蚱蜢跳起追捕狼狈乱飞的蝉，就像雄鹰在高空中追寻麻雀一样。但和这胆大过人的蚱蜢相比，猛禽也要略逊一筹了。苍鹰是专门袭击比自己小的动物，可蝗虫类则正好相反，它们爱好袭击远比自己高大、威武、凶猛的对手，而这种身高差距颇大的血拼的结果常常是小个头儿得到胜利。蚱蜢具有超强的下颚和利爪，极少有对手可以逃出被开膛的命运；后者因为无武器，所以常常只有哀叫和挣脱的份了。

最重要的是要将猎物控制住，这对于它们来说很容易，在晚上猎物打盹儿的时候动手就行了。只要被夜巡的凶猛的蚱蜢撞见的蝉都难免惨死。这就可以理解了，为何夜深人静，蝉停止叫声的时候，却会突然听到树冠里传出"吱吱"的惨叫声了。那是身穿浅绿色衣裳的强盗捉住了一只入睡的蝉。

我找到了我的食客们所需的食物了，我用蝉来喂养它们。它们非常喜欢我准备的美味食物，因此两三周过后，我那个笼子里就满眼狼藉了，蝉的脑袋、空的胸壳、断的翅膀、断肢残爪随处可见。只有肚子几乎整个不见了。肚腹是块好肉，虽然营养成分不高，但看来味道相当不错。

确实，蝉腹中的嗉囊里储存着糖浆，那是蝉用自己的小钻从嫩树皮里汲出来的甘美汁液。是否就是这种蜜饯（jiàn）的缘故，蝉的肚腹才成为猎人的首选？可能性很大。

为了让食谱多样化，我还专门挑选了一些水果喂给它们吃，如梨片、葡萄、甜瓜片等。它们非常喜欢吃这些水果。绿蚱蜢就如同英国人，它非常钟情于在上面浇着果酱的牛排。这或许便是它为何一旦抓了蝉，便往往会将蝉开膛破肚的原因了，因为它肚子里满是裹着果酱的鲜美肉食。

并非在所有地方都能吃到这种美味的甜蝉。北面的世界里，绿蚱蜢随处可见，可它们想要找到在我们这里所喜爱的这种美味，却几乎不可能。它们可能还有其他的食物。

为了能够弄明白这个问题，我喂它们吃细毛鳃角金龟，这是与春季鳃角金龟一样的夏季鳃角金龟。这种鞘翅昆虫到了笼里，绿蚱蜢们便毫不犹豫地扑了上去，吃得仅剩下鞘翅、脑袋以及爪子。我又放进肥美的松树鳃角金龟，结果也一样，第二天我便发现它早已被那帮凶神恶煞（shà）的绿蚱蜢给开膛破肚了。

这便证明绿蚱蜢是嗜食昆虫者，尤其钟爱没有太硬的甲胄保护的昆虫；但绿蚱蜢和螳螂不一样，并不像螳螂那样除了野味什么都不吃。这个蝉的刽子手还了解用素食来调剂肉食的高热量。它吃完肉喝光血后，还会加点水果来调节一下，若是没有能够享用的水果，拿些草来吃也是可以的。

然而，同类相残仍然存在。只是我还从未看到我笼中的蚱蜢有螳螂那样的野蛮行径，后者时常拿自己的情侣开刀。不过，倘若笼里有哪只弱小的蚱蜢倒下了，其他幸存者便会将它当一般猎物看待，毫不犹豫地扑上去；而这并不是因食物匮乏而拿同伴充饥；即使食物并不短缺，蚱蜢也会吃死去的同伴。无论怎样说，凡是身有佩刀的昆虫均不同程度上有掠吃伤残同伴的癖（pǐ）好。

除了这些，我笼子里的绿蚱蜢倒还相安无事地生活着。它们之间从不穷打恶斗，最多为食物争斗上一番。我刚投进一片梨，一只蚱蜢便立即霸占了。由于害怕别人争抢，它便会踢腿蹬脚，以防别人靠近，自私自利显露无遗。只有在它吃饱之后，才会将位置让给别人，后者随即便霸道地占有了这片已经残缺的梨片。笼中的食客就这么一个接一个地飞上去吃上一番。酒足饭饱之后，大家就用大颚尖挠挠脚掌，用爪子蘸点唾沫擦拭额头和眼睛，随后会悠然自得地用爪子抓住网纱或躺在沙地上，故作沉思地消化。

白天，多数时间它们都是酣睡，特别是在炎热的季节，就更会这样。在日薄西山，夜幕降临之后，这群家伙便兴奋起来了。九点钟左右时，折腾最欢，上蹿下跳，毫不安宁。

雄性绿蚱蜢有的在这边，有的在那边，鸣叫着，用触须挑逗路过的雌性。那些未来的妈妈们半抬着佩刀庄严地踱着步子。对于那些猴急的狂热雄性而言，交配可是眼前的大事。有经验者一看便了解它们想做什么。

这亦是我所观察的主要内容。我的愿望得到了满足，但并不充分，因为下面的婚礼拖得太晚，我未能看到最后的一幕。那最后的一幕通常要等到深夜或凌晨。我所看到的那一点点仅仅局限于没完没了的序幕那一段。热恋中的情侣面对面，几乎头碰头地使用各自的柔软触须相互触摸，相互试探。它们仿佛两个用花剑击来击去以示友好的对手。雄性时不时地鸣叫几声，使用琴弓拉上几下，此后便寂然无声，可能因为过于激动而无法继续下去。晚上十一点了，求爱依旧没有结束。我实在是困乏得很了，颇为遗憾地留下了这对情侣回去休息。

次日清晨，雌性产卵管根部下方吊挂着一个奇特的东西，这就是装着精子的口袋，仿佛一只乳白色的小灯泡，有天平砝码差不多大小，隐约地分为数量不多的长圆形囊泡。在雌性绿蚱蜢走动时，那小灯泡挨着地，粘上些许沙粒。不久，它将这个受孕的小灯泡当作盛宴，慢慢地把其中的东西吸尽，然后咬住干薄皮囊，长时间地反复咀（jǔ）嚼（jué），最后才全部吞咽下去。没半天工夫，那乳白色的赘（zhuì）物就全消失了，就连渣渣末末都被它美滋滋地吃光了。

这种难以想象的盛宴仿佛是从外星球传入的，它与地球上的宴席习惯全然不同。蚱蜢类昆虫确实是个奇特的世界！它们属于陆地动物中的最古老的动物物种之一，并且和蜈蚣以及头足纲昆虫一样，是古代习性沿用至今的一个显著代表。

品读赏析

绿蚱蜢是凶猛的捕食者，就像雄鹰一样，对待猎物是那样的冷峻、高傲、自信。作者在文中详细介绍了绿蚱蜢的生活习性，读者在感叹作者细致入微的观察的同时，不禁感慨大自然造物的神奇。

写作积累 XIEZUO JILEI

开膛破肚　扬扬得意　显露无遗　悠然自得　上蹿下跳

·绿蚱蜢也算是夜晚凶悍残暴的猎手，它向蝉扑去并拦腰将它搂住，将它开膛破肚，掏心挖肺。耀舞欢歌的背后，竟然是杀戮！

·这俊美的昆虫实在是太令人惊奇了，全身浅绿色，两条浅白色的带子在身体两侧。它高雅的体态轻盈健壮，两只大翅膀和罗纱一样。

·最重要的是要将猎物控制住，这对于它们来说很容易，在晚上猎物打盹儿的时候动手就行了。只要被夜巡的凶猛的蚱蜢撞见的蝉都难免惨死。

·绿蚱蜢就如同英国人，它非常钟情于在上面浇着果酱的牛排。这或许便是它为何一旦抓了蝉，便往往会将蝉开膛破肚的原因了，因为它肚子里满是裹着果酱的鲜美肉食。

·由于害怕别人争抢，它便会踢腿蹬脚，以防别人靠近，自私自利显露无遗。只有在它吃饱之后，才会将位置让给别人，后者随即便霸道地占有了这片已经残缺的梨片。

·它们仿佛两个用花剑击来击去以示友好的对手。雄性时不时地鸣叫几声，使用琴弓拉上几下，此后便寂然无声，可能因为过于激动而无法继续下去。

思考练习

1. 绿蚱蜢为什么喜欢吃蝉呢？
2. 你认为绿蚱蜢是肉食昆虫、素食昆虫还是杂食昆虫？
3. 绿蚱蜢在一天中的什么时间段最活跃？

大孔雀蝶

　　大孔雀蝶的交配与繁殖在很长时间里都是个谜，作者在当时有限的条件下对其进行了细致的研究和观察。现代科学研究表明，大孔雀蝶是靠气味来进行交流、传递信息的，那作者所研究的结果是否也是如此呢？只要你认真阅读就一定能够找到答案。

　　这个夜晚真叫人难忘。我叫它"大孔雀蝶之夜"。

　　大孔雀蝶，有谁不晓得这名满天下的美丽蝴蝶呢？它是欧洲最大的蝴蝶，身着栗色天鹅绒外衣，系着白色的毛皮领带。它的翅膀上散布着灰色和白色的斑点，浅色的"之"字形线条从中间穿过，四周呈现烟灰白色的边，翅膀中央有一个圆形斑点，仿佛一只黑色的大眼睛，瞳仁中闪烁的是黑色、白色、栗色、鸡冠花红等颜色，呈弧形组合在一起。

词语在线

天鹅绒：一种起绒的丝织物或毛织物，也有用棉、麻做底子的。这里用来形容大孔雀蝶外形的华丽。

大孔雀蝶的毛虫也一样讨人喜欢。青绿色的珍珠镶嵌在它那稀疏地环绕着一圈黑纤毛的体节末端。它们的身体呈棕褐色，非常粗壮，口部就像渔民的鱼篓，通常紧贴于老巴旦杏树根部的树皮上。这种树的树叶便是毛虫的美味佳肴。

五月六日的早晨，一只雌性大孔雀蝶终于在我面前的实验室桌子上破茧而出。它浑身湿漉漉的，我立刻用金属网罩将它罩了起来。当时，我并没有抱着特地研究它的目的，仅仅是凭着观察者的行为习惯，将它关了起来，因为我关心的是以后发生的事情。

幸好这样做了。晚上九点左右，家人都进入梦乡的时候，我隔壁房间突然响起一阵乱哄哄的响声。几乎没有穿衣服的小保尔像发疯似的来回走动，蹦跳跺脚，将椅子打翻。"快来呀，"他大声叫唤着我，"赶紧来看这些蝴蝶呀，像鸟儿一样大！房间里都快飞满了！"

我急忙奔过去。无怪乎孩子会如此兴奋，如此乱喊乱叫。房间里到处是从没有见过的不速之客，是一群巨大的蝴蝶。其中四只已经被保尔抓住，关在鸟笼里，其余的全都在天花板上飞来飞去。

我马上想起了早晨被我关起来的雌性大孔雀蝶来。"快穿好你的衣服，孩子，"我对着儿子说，"将你的笼子放在那儿，跟我来。带你去看看稀罕玩意儿。"

我们往下走，向住宅右侧的实验室奔去。经过厨房时，保姆早已被眼前发生的奇观弄得惊慌失措。她正在用她的围裙驱赶一些大蝴蝶，开始时她还以为它们是蝙蝠呢。这样看来，大孔雀蝶几乎已经占据了我的整间住宅。它们肯定是那只被囚禁着的雌蝴蝶招来的，天知道雌蝴蝶那里现在是什么样了。还好，实验室的两扇窗户有一扇是敞开的，道路没有堵塞。

我们手里举着蜡烛，冲入房间。眼前的情景让我们终生难忘。一群大蝴蝶轻轻拍打着翅膀，在钟罩与天花板之间飞来飞去。它们向蜡烛扑过来，翅膀扇了一下，蜡烛熄灭了。它们又向我们肩头扑来，钩住了我们的衣服，轻轻地擦着我们的面孔。这屋子简直像极了巫师招魂的巢穴，成群的蝴蝶正在飞舞。可能是为了壮胆，小保尔紧抓住我的手，比平时用的力大得多。

它们究竟有多少只呢？差不多有二十来只。要是加上厨房、孩子们的卧室以及其他房间的，总数会有四十来只。如我在前面所说，这是一次无法忘却的大孔雀蝶之夜。它们不知是从何处得知这一消息的，自四面八方赶来。其实，那应该是四十来个情郎，急着性子赶来向今晨在我实验室诞生的神秘女子表示爱意的。

名师点评

大孔雀蝶竟然会被误认为蝙蝠，足见它们的体形有多么庞大。

名师点评

一只雌蝶，竟然能吸引这么多雄蝶前来，实在是太奇妙了。雄蝶是怎么得到讯息的？让读者迫不及待地想知道答案。

今天，我们就不要再打扰这一大群追求者了。一些冒失者已经被烛火烧伤了一部分身体。明天我将会事先准备好实验的问题，再进行研究。

现在，我们首先要整理一下思路，来聊聊我这一个星期里所观察到的反复出现的情形。事情每次都发生于晚上八点到十点之间，蝴蝶们陆续飞来，哪怕暴风雨即将来临，天空一片漆黑；或者是在露天，在花园里没有树木遮挡的地方，早已伸手不见五指。

对于这些到访者来说，除了漆黑的夜，我的住所也难以进入。我的房子掩映在高大梧桐树下；屋前是一条两边长着茂密的丁香和蔷薇的甬（yǒng）道；房子前还种着一排松柏，以阻挡干旱而强烈的西北风。最后大门不远处也有一道小灌木丛形成的壁垒。大孔雀蝶若想赶到朝圣地就必须在漆黑的夜晚穿越这杂乱的树枝屏障，左右闪避，迂回前进。

类似这样的情况，连猫头鹰都不敢贸然闯进来。而长着复眼的大孔雀蝶比大眼睛的猫头鹰技高一筹，毫无顾虑地奋力向前，安全通过。它们来回曲折地飞翔着，方向把握得十分好，因此即使要翻越重重的阻碍，到达的时候依旧精神抖擞，没有擦坏一丁点儿大翅膀。在它们看来，黑夜与白天没有什么不同。

词语在线

甬道：走廊；过道。

但是，哪怕我们认为大孔雀蝶可以看到一些普通视网膜所不可及的某些视野范围，这也不能成为它们可以隔着遥远的距离获得消息并飞来的原因。遥远的距离和中间的隐蔽物必定使这种视线不能发挥作用而看见工作室中的雌蝴蝶。换句话说，除非光的折射造成迷路——但这里并没有折射的现象——否则，大孔雀蝶会直接扑向见到的东西，因为光线的指引是十分准确的。实际上，大孔雀蝶时常也会犯错误，并不是大方向的错误，而是诱惑它前去的所发生事情的精确地点。孩子们的卧室在实验室的对面，而实验室才是来访者的目的地；但在我拿着蜡烛冲进去前，那里已经满是大孔雀蝴蝶了。我猜应该是它们弄错了信息。厨房也有这样一群满腹狐疑的蝴蝶，因为一盏明灯在那里，对于夜晚活动的昆虫来讲，这就是一种不可抗拒的引诱，足以让它们偏离目标。我们仅考虑无光的地方吧，在这样的地方迷路的蝴蝶不计其数，在它们要去往的目的地附近基本上到处可见。

所以，当被囚的雌蝴蝶在我的实验室时，蝴蝶们不一定全部是直接从靠谱的通道——敞开的窗户——飞进来的，那通道距离钟形罩下的雌蝴蝶也不过几步远。有些蝴蝶是从楼下飞进来的，它们在大厅的前面到处钻跑，最多到达楼梯，而楼梯的尽头是一扇关着的门。此类信息表明，前来求爱的大孔雀蝶们并不是和像一般光辐射指导它们所做的一样，直接向目标奔去。一定有什么东西在较远的地方发出信号，引导它们到达地点附近，然后让它们通过模糊的寻找和迟疑做出精确的判断。我们经过听、味两觉获取的资料基本上也是这样，当要搞明白声和味的来源时，听觉和味觉只能找出大致方向。

发情期的大孔雀蝶到底是依照哪一种感觉器官呢？人们猜测是它们的触须。雄性大孔雀蝶的触须好像的确是用来探路的。那这些漂亮的羽毛是一般的饰物呢，还是帮助求爱者感知气息，为它们指引方向？我们不如做一个具有说明性的实验。

发生入侵的第二天，我在实验室里找到了八位昨日的访客。它们在那关着的第二扇窗户的横档上盘踞着，一动也不动。别的访客在一场尽情飞舞之后，在昨夜十点的时候从进来的那个地方——也就是日夜开着的那扇窗户——飞走了。这八只顽强不屈者就是我用来做实验所必需的。我用小剪刀将大孔雀蝶的触须从根部剪掉，但不触及它们身体的其他部位。它们对这种手术一点反应也没有。谁都没动，只不过轻轻扇动了一下翅膀。情况很顺利，它们的伤口没有什么大碍，没有一只蝴蝶因疼痛而发狂。这对我的实验计划是再好不过了。一天结束了，它们依旧静静地丝毫不动地在窗户的横档上待着。

　　还有几件事情要做，尤其是当被剪掉触须的大孔雀蝶在夜晚活动时，要给雌蝴蝶换个地方，不能让它在求爱者们的眼皮底下待着，以保证研究结果的真实性。于是，我将钟形罩和雌蝴蝶换了家，把它安置在住宅另一边的门廊下的地上，和我的实验室有五十米远左右。

　　夜色下沉，我最终查看了一下我那八只做过手术的大孔雀蝶。六只已经从开着的那扇窗户中飞走了，其余的两只掉在地板上，我将它们迎面朝天地翻过来，它们已奄（yǎn）奄一息、毫无力气，无法转动自己的身体了。但别怪罪我的手术不好，哪怕我不用剪刀剪掉它们的触须，它们也一样会变老衰亡的。

■ 词语在线

奄奄一息：
只剩下微弱的一口气，形容生命垂危。

　　那六只大孔雀蝶精力旺盛地飞走了。它们还会飞回来找寻昨天诱惑它们的诱饵吗？它们触须没了，还可以找到如今已远离原来地方的钟形罩吗？

　　钟形罩在黑暗之中放着，基本上是在露天地里。我经常提着一盏灯和一个网跑去看看。我捉住了来访者，一一辨认，分类，并立刻放到被我关上门的相连的一间屋子里。这样能够确切地计算雄蝴蝶的数量，避免同一只蝴蝶被计算好几回。此外，暂时的囚室空荡敞亮，绝不可能损伤捉到的蝴蝶。在今后的研究中，我将采纳同样的安全举措。

夜晚十点半，再没有造访者前来。实验结束了。共捉到二十五只，其中仅有一只是没有触须的。昨天动过手术的那六只大孔雀蝶，体强身壮，得以飞离我的实验室，重归野外，而其中有一只回来追寻那只钟形罩。我既不敢肯定也不敢否定触须的导向作用。让我们再做一个规模更大的实验。

第二天早晨，我去观察前一天被抓到的俘虏们。我看见的情况无法让我欢喜欣慰。很多蝴蝶都掉在地上，毫无生气了。我发现如果用手指去捉，一些蝴蝶只能勉强露出生命迹象。对于瘫痪的蝴蝶，我还抱什么希望呢？还是尝试一下吧。也许到了寻欢求爱的时刻，它们又会恢复生气的。

新来的二十四只大孔雀蝶接受了触须切除手术。之前被剪掉触须的那一只不在其中，它已濒临死亡。最后，在这一天其余的时间里，监狱的大门是开着的，谁想离开就离开。谁有能力就回来参加晚上的婚庆。为了让飞走的蝴蝶接受实验，那只钟形罩又一次被我转移了地方。现在，我把它放置在一楼对面那侧的一个来去自由的房间里。

被剪去触须的这二十四只蝴蝶中，只有十六只飞去了外面。有八只已全身无力了，不一会就将死在这里了。那飞走的十六只里，有几只能在夜晚归来围着钟形罩飞舞呢？没有一只。那天晚上，我只逮住七只，全部是羽饰完好的新来者。<u>这一结论好像表明，剪掉触须是比较严重的事。但是，我还不想过早地下结论，因为还有一个十分重要的疑点。</u>

刚被人无情地割去耳朵的小狗莫弗拉说："看我现在的德性！我还敢出现在其他狗的面前！"我的蝴蝶们是不是也有小狗莫弗拉那样的感知呢？如果没了美好的装扮，它们就不敢出现在情敌们面前向雌性表达爱意了吗？它们这是在惶恐吗？是它们没了导向器官的缘故吗？难道是因为它们等那么久却没结果所导致，它们的狂热只是暂时的？实验将解答我们的疑惑。

第四天夜里，我抓住没有来过的十四只雄蝴蝶，并将它们先后关在同一房间里，它们会在里边过夜。接下来的一天，趁它们白天休息，我剪掉少许它们前胸的绒毛。剪走这样一丁点毛对它们基本无伤害，因为这类丝质的绒毛会很轻松地长出来，这样不会伤到它们要回到钟形罩前所必需的器官。对于被剪去绒毛的蝴蝶来说，这不算什么；而对于我来讲，这是认出重新来访的大孔雀蝶的关键标志。

精疲力竭、不能飞舞者，这一次没出现。夜里，被我剪毛的那十四只飞回了郊外。当然，钟形罩再一次换了地方。两个小时过去，我捉住二十只蝴蝶，其中只有两只剪过毛的。至于前天夜里被剪去触须的大孔雀蝶没有出现一只。

在有剪过毛标志的十四只蝴蝶中，仅有两只飞回来了。其余那十二只既然有能探测的导向器和触须羽饰，可为何没能归来呢？还有，为何在囚禁了一夜过后，会出现这样多的体力不支者呢？对此我仅有一个解释：雄蝴蝶们被强烈的交配欲望折磨得精疲力竭。

为了"结婚"这唯一的生存目标，大孔雀蝶有一种独特的天赋。它能飞过漫长的距离，穿越黑暗，冲破阻碍，发现自己心中的伴侣。两三个夜的时间里，它用几个钟头去寻找爱人并与之调情。但如果没能达到，所有的都将完蛋：非常精准的罗盘不灵了，十分亮堂的导航灯灭了。那活着还有什么意思呢！所以它就在角落里蜷缩着，忧郁无欢，长眠不醒。

大孔雀蝶仅是为了繁衍后代才作为蝴蝶存在的。它一点都不知道进食是什么事情。其他种类蝴蝶是开心的美食家，在花丛里载歌载舞，展开螺旋状的吸管，插进甜美的花冠；而大孔雀蝶就是个百折不挠的禁食者，它一点都不受胃的驱使，不用进食就可恢复体力。它的口腔器官仅是徒具样式的装饰，并不是用作吃饭的工具。它的胃里从来没进过一点食物，假如它生命不是这么短暂的话，这可是个很好的优点。如果打算灯火久明就不得不给它添油，大孔雀蝶则拒绝添油，因此它不能活得长久。仅有两三个夜，刚好够它和配偶交欢配对，仅此而已：大孔雀蝶也算享受生活了。

那剪去触须的大孔雀蝶一去不复回又是怎么回事呢？是不是在证实，失去了触须，它们就不能再找回那只雌蝴蝶呢？绝对不是这样的。就像被剪掉毛全身损坏却丝毫无碍的蝴蝶一样，它们的不归也是在宣布自己的寿命已经终结了。无论它们的身体支离破碎或是健全，都因年纪大起不到作用了。它们存不存在一点意义也没有了。因为实验所必要的时间不富余，我们没法懂得触须的作用。这样的作用之前是个谜，未来依然是一个谜。

我关在钟形罩下的那只雌性大孔雀蝶活了八天。它依照我的意思，每晚在不一样的角落里居住，为我招来数目不一的来访者。我拿着网任意抓捕，接着立刻把它们关进封闭的房间，让它们过夜。第二天，它们至少要被我在胸部剪去些羽毛，作为记号。

这八天里来访者的数字达到一百五十只。想到此后两年为了取得继续这项研究所用的资料，我要竭尽全力地去找寻活物，这个数量可真让人目瞪口呆了。大孔雀蝶的茧在我家周围不能说没有，可至少是非常少见。因为毛虫的栖息地——老巴旦杏树——不是很多。那两年的冬季，我逐一对这些衰老的树进行了检查，可我数次都毫无收获地归来！所以，我的那一百五十只大孔雀蝶是从很远，大概是从周围两公里之外甚至是还要更远的地方飞来的。它们是怎样知道我实验室里的状况而逐个前来的呢？

在远距离信息传递中，有三个元素能够被感知：光、声音以及气味。大孔雀蝶从开着的窗户飞过来以后，可以说视觉在引导着它。但在此前，在陌生的屋外，说大孔雀蝶有神奇而锐利的眼睛，能看到墙后的东西，这是不可能的。还必须承认它拥有敏锐的视觉，可以在几公里远的距离之外完成这样的奇迹。这些说法都是荒谬的，我们还是谈其他的吧。

声音一样和这个没关系。胖胖的雌性大孔雀蝶即使可以从远远的地方吸引来情人，可它却是默默无声的，连最机灵的耳朵也不能听见它的声音。说它芳心萌动、热情洋溢，大概能用极精细的显微镜看得到。严肃地说，这不是不可能的。可是，不能忘了，来这儿的雄性蝴蝶

是在相当远的距离外取得信息的。在这样的状况下，我
们就不必考虑声学因素了；否则的话，就是因为寂静，
才让周围的雄蝴蝶们激动起来。

最后就是气味了。在感官世界里，气味的发散比别
的东西更可以说明：为何蝴蝶们会稍作疑问以后，就个
个前来追随招引它们的那个诱饵。是不是的确拥有这样
一类相似于我们叫作气味的散发体呢？但这样的散发我
们绝对感觉不到，却能被比我们嗅觉更敏捷的昆虫所感
知。我们得进行一个实验，这实验非常容易，就是掩藏
起这些散发物，用一种更浓烈更耐久的气味主宰嗅觉，
极为强烈的气味可以压制微弱的气味。

我在雄蝴蝶晚上要到达的房间里事先撒了些樟脑。
在雌性大孔雀蝶周边，我又放了一只盛满樟脑的阔大圆
底器皿。雄性大孔雀蝶来访时，只要在房间门口，就可
以闻到樟脑味儿。但我的妙招没能达到效果。大孔雀蝶
们同平时一般，如期而至。它们进入房间，好像在没有
任何气味干扰的情况下，越过那股很浓的味道，精准地
向钟形罩驶去。

因此我对气味的作用动摇了。话说回来，我如今也
不能再接着实验了。第九天，雌蝴蝶因久等无果，已精
疲力竭，死了。雌性大孔雀蝶没了，也就没事可做了，

名师点评

难道大孔雀蝶不是靠气味找到对方的吗？这里给读者留下了疑问。

只能等到来年再说。

这一回，我将准备一些防御举措，储藏了足够的必需品，为的是如我所愿地复制已经做过的，以及做我打算去做的实验。说做就做，不需要延迟了。

盛夏里，我以每只一个苏的单价买了许多大孔雀蝶毛虫。我的几位隔壁小朋友——我平时的供货者们——对这样的交易十分感兴趣。每当星期四，他们在完成那让人讨厌的动词变位的学习以后，就跑向田间和山坡，找到数条大毛虫，用小棍子尖端挑着送给我。这些小家伙不敢碰毛虫，当我如他们抓常见的蚕那样用手指抓住毛虫时，他们全惊呆了。

我用巴旦杏树的枝叶喂毛虫，没两天就有了许多上等的茧。冬天，我又在老巴旦杏树根部全神贯注地找寻，最后取得了很好的收获，补足了茧的储备。有些对我的研究很感兴趣的好友也前来助我。最终，通过四处寻找、寻人代捉、细心饲养等方式得到了很多的茧，其中较大、较重的十二只是雌性的。

可是，一场挫折在等待着我。天气千变万化的五月到来了，将我的汗水化作乌有，让我心疼不已，不曾开颜。就像秋走冬临，刺骨的寒风把梧桐的树叶击落一地。此刻如同地冻天寒的十二月，夜间不得不生上旺火，穿得

词语在线

乌有：不存在。

厚厚的。

　　我的大孔雀蝶也遭受着煎熬。卵孵化得很迟，而且孵出一群反应呆板的蝴蝶。在一个个钟形罩里，依据大孔雀蝶出来早晚顺序一只只地住了进去，可是相当少或者根本就没有外面飞进来探望的雄性大孔雀蝶。在周边倒是有一些，因为我收集的长着好看羽饰的实验用雄性大孔雀蝶，一旦孵化出来，分辨准确以后就会马上放到园子里。可是，无论远近，飞进来的都相当少，并且即使飞来也是无精打采的。

　　或许低温与提供信息的气味散发物是相悖的吧，炎热会使气味增强，而寒冷则使它削弱。这一年的工夫算是白费了。唉！这种实验真不容易呀，它受到某一季节变换的快慢和反复无常的制约！

　　我开始进行第三次实验。我漫山遍野地去找寻虫茧，到了五月，我收集很多了。这一次的天气正好满足我的要求。我再一次见到了开头让人鼓舞的大孔雀蝶入侵的盛况。

　　每个夜晚都有大孔雀蝶飞来，少则十几只，多则几十只。而雌性大孔雀蝶大腹便便，只是抓着钟形罩的金属网，一点反应也没有，甚至连翅膀都没抖动一下。它对周遭的事情几乎毫无反应。在这几个夜晚，我嗅觉最敏感的家人也没嗅出任何气味来，而且听觉最敏锐的家人也没能听到任何声响。那只雌性大孔雀蝶一动也不动地、屏气聚神地等候着。

雄性大孔雀蝶三三两两或更多地扑到钟形罩圆顶上，在来回地飞着，不间断地用翅尖敲打着圆顶。它们之间并没因你争我抢而相互搏斗。每只雄性大孔雀蝶都竭尽全力地想闯进钟形罩中，看不到它们对别的献媚者有一丁点的醋意。白费工夫地尝试了一番之后，它们厌倦地飞走了，加入了正在飞舞的蝶群中。有几只彻底无望的从那扇开着的窗户飞走了，一些后来的蝶很快就代替了它们。在钟形罩的圆顶上，直至晚上十点，还有蝴蝶不停地试着闯进。

名师点评

这段话描写的是雄性求偶的过程。雄性大孔雀蝶彼此间没有相互排斥，只是在公平竞争。这样的描写生动地呈现了整个过程。

钟形罩每天夜里都被我挪来挪去。我把它放在北面或南面，放在楼下或楼上，放在居所右侧或左侧五十米之外，放在露野或一间偏僻小屋。这一番神不知鬼不觉的折腾，连研究人员有时都找不到，但蝴蝶却从没被欺骗过。我徒劳无获地浪费了时间和想法，没有难住它们。

这也不是对地方的记忆在起作用。就像前一天夜里，那只雌性大孔雀蝶被搁放在居所的一间房里；羽饰漂亮的雄性大孔雀蝶就到这个房间飞上两个钟头，甚至还有少许在那儿待了一夜。第二天的傍晚，待我转移钟形罩时，雄性大孔雀蝶已经全在屋外了。即使寿命瞬间消失，但最新来的大孔雀蝶依旧有能力做第二次，甚至是第三次的夜晚远途。这些仅能活数日的家伙最先会飞去哪里呢？

它们晓得昨晚幽会的准确地点。我还认为它们会依靠记忆飞回那里，当它们发觉那里物是人非时，就转变方位接着找寻。可现实不是那样。它们谁也没再次在昨夜去的地方出现，更不用说停留片刻，记忆在它们身上仿佛没有一丝的滞留。一个比记忆更管用的向导把它们"召唤"到别的地方去了。

在此以前，雌性大孔雀蝶始终在金属网眼里待着。那些来访者的目光哪怕在漆黑的夜里也是敏锐的，它们凭借黑暗里的一点微光也可以看到雌性大孔雀蝶。假如我把雌性大孔雀蝶关到看不见的玻璃罩中，那将会出现什么情况呢？这种看不见的玻璃罩能让提供信息的味道无法随意发散或全部制止吗？

如今，物理学使我们能够研发出利用电磁波的无线电报了。大孔雀蝶在此方面是不是领先了呢？为了激起四周的雄性大孔雀蝶，通知数公里之外的寻爱者，方才孵化的雌性大孔雀蝶莫非已使用了我们已知的或未知的电波或磁波呢？这些电波或磁波可能会被一些屏障阻隔，却也能通过另一些屏障。总之，它是不是依照它的方式

📖 **词语在线**

物是人非：景物依旧，而人的情况却完全不同了。

电磁波：在空间传播的周期性变化的电磁场。无线电波和光线、X 射线、γ 射线等都是波长不同的电磁波。

使用哪种无线电报呢？我感觉这不是没可能的。昆虫都是习惯于不可思议的发明创造的。

因此，我把雌性大孔雀蝶放到不一样材质的盒子里。有白铁的、木头制的、硬纸壳的。我将它们全都关得严严实实，甚至用上了油性的泥封。我还在一小块玻璃的绝缘柱上摆放了一只玻璃钟形罩。在这种封闭的情况下，一只大孔雀蝶也没有飞来，即使夜晚寂静凉快、气候清爽。不管是何种材质的密封盒——玻璃的、木质的、金属的，还是硬纸壳的，都使带有信息的气味无法散发出来。

产生了同样的效果的还有一层两横指厚的棉花。我把雌性大孔雀蝶放入一只大大的颈短口大的瓶里，用棉花塞住了瓶口，塞得很紧。如此周边的雄性大孔雀蝶就无法知道我实验室里的机密了。最终一只雄性大孔雀蝶都没出现。

相反，我不把盒子紧封，让它稍微开着点，再把这么多的盒子放到一只抽屉里，或是装到大衣橱里，可即使这样藏来藏去，雄性大孔雀蝶依然能蜂拥而至，多得如同明显地把钟形罩放在桌子上一般。记得有一天，我把雌蝴蝶关在帽盒里，藏到壁橱里，并将壁橱的门关上。雄性大孔雀蝶们来到门前，朝壁橱门扑去，渴望闯入。这些路过的朝圣者穿过田野来到这儿，它们非常明白藏

词语在线

蜂拥：像蜂群似的拥挤着（走）。

在门后的是什么。

所以，一切类似于无线电报的通信方式的解释都不能奏效，因为一道屏障一旦出现，无论它的传导性是好还是差，就立刻阻断了雌性大孔雀蝶发出的信号。要使信号一路畅通，传得很远，必要的条件是：囚禁雌性大孔雀蝶的囚室不可以关得太严实、无法通风，要使内外空气能够流通。这再次使我们回到存有一种味道的可能性上来，但那是被我用樟脑做过的实验给排除了的。

我的大孔雀蝶的茧子已经用完，可问题依然无法解决。我还要继续在第四年进行实验吗？我放弃了，理由如下：我想追随考察一只大孔雀蝶在夜晚婚礼中的亲密动作是非常困难的。献殷勤的雄性到达目的地是不需要亮光的，而人类微弱的视力却使我在夜间离不开灯光。我至少需要一支燃烧的蜡烛，但它时常会被飞着的群蝶给扇灭。灯笼的确能够排除此烦恼，可昏暗又有阴影的光线，令我无法看得一清二楚。

不光这样，灯的亮光还可使蝴蝶的注意力从它们的目标身上引开，使它们不能成其好事。而且照得时间越长，对整体的晚会影响越厉害。到访者一飞入屋内，便疯子一样地向火光扑去，导致烧损身上的绒毛，如果因被烧坏而疯狂，就无法提供可靠的证据了。假设它们没被烧

名师点评

作者在这里连续运用比喻句，凸显了大孔雀蝶对亮光的痴迷。

到，被玻璃罩隔在外面，它们就会落在火光周边，也会像被施了魔法一样一动不动。

　　有一天夜里，雌性大孔雀蝶被搁置在餐厅的一张桌子上，正对着开着的窗户。装有白色搪瓷反光的宽大灯罩的煤油灯点亮了，有两只到访者落在钟形罩的圆顶上，在雌蝴蝶面前表现出迫不及待的样子，另外七只到访者则向它稍微致意一下，便朝煤油灯扑去。盘旋一会以后，它们被搪瓷灯罩的反射光照得迷迷糊糊的，贴在灯罩下面如沉醉般一动不动。孩子们伸出手打算抓住它们。"不要动，"我喊，"不要动！别惊吓到它们，别打搅这些来此朝圣的宾客们。"接连两天它们都在原地待着，不曾动弹。对亮光的迷恋使它们忘掉了自己的爱情。

　　对着这些迷恋亮光的客人，准确而长时间的观察是不可能开展的，因为观察者需要灯光，所以我舍弃了对大孔雀蝶及其晚间婚礼的观察。我想得到一只习性不一样的蝴蝶，它得如同大孔雀蝶一样勇猛地去幽会，但还要在白天幽会。在用一只符合上述要求的蝴蝶开展研究以前，暂时先不考虑时间的先后顺序，讲一下我完成对大孔雀蝶的研究后飞来的最后一只蝴蝶的事情，那是一只小孔雀蝶。

　　有人帮我得到一只很不错的茧，上面裹着一层宽大的白色丝套，丝套上有许多不规则的褶皱。我从丝套中，很轻松地抽出一只体积很小但外表形状像大孔雀蝶的茧。我发现，丝套口处使用松散可聚在一起的小树枝编成网状，可以阻止他物袭击，同时又可以保证茧的主人可以出来，这是一只夜晚生活的大孔雀蝶的同类，因为丝套上有编织者的标记。

果然，三月底，圣主日那天的早晨，那只茧孕出一只雌性小孔雀蝶，我马上把它关到实验室的钟形金属网罩里。我拉开房间的窗户，好使这件大事传到田野里去，并且必须使前来的探访者任意地在房间来去。被囚的这只雌蝶自从贴到了金属网纱上，就一个星期都没动弹。

我的小孔雀蝶好看极了，一身波纹状的褐色天鹅绒华服，脖颈围着一条白色毛皮围巾，上部翅膀顶端有胭脂红斑点，四只大眼睛好比同心月牙，黑色、白色、红色和赭石色掺杂在一起。这打扮几乎就像是大孔雀蝶的装饰，只是颜色更加艳丽。这种体形以及服饰如此华美的蝴蝶，我一生中只看到过三四次。而它的茧，我不久前才见到，但从没有见到过雄性蝶。我只是从书本上了解雄性比雌性要小一半，体色更加鲜艳些，更加花枝招展些，下方翅膀呈橘黄色。我还不熟悉的陌生贵客——羽饰美丽的雄蝶，它们是否会飞来呢？在我们周围好像

名师点评

在这里，作者运用细节描写的方法以及比喻、拟人的修辞，将一只美丽的蝴蝶活灵活现地呈现在我们面前。

很少见到它们。在那遥远的藩篱墙内，它们能否得知在我实验室的桌子上的那只适婚雌蝶正等待着它们的到来呢？我敢保证它们肯定会前来的。看，它们飞来了，甚至比我预料的还早到了。

中午时分，我们正准备吃午饭。由于对可能出现的情况十分关心，小保尔未来用餐。忽然，他跑到饭桌前，满面通红。只见一只漂亮的蝴蝶在他的指间拍打着翅膀，它是在我实验室对面飞舞时，被小保尔一下子抓住的。小保尔递过来让我看，以目光询问我。

"哇！"我叹道，"它正是我们等待着的朝圣者呀。赶紧去看看是怎么回事，过会儿再吃吧。"

眼前的奇观让我们忘掉了吃饭。雄性小孔雀蝶们让人难以置信地按时被雌小孔雀蝶给神奇地召唤来了。它们艰难地飞翔，终于一只接一只地飞来了，此间最有价值的情况是：它们都是从北边飞来。自寒流过去，时间仅仅只有一个星期。北风依然呼啸，吹落了老巴旦杏树刚刚绽放的花蕾。这一场猛烈的风暴很无情，但它也预示着春天将要到来了。就像今天，气候突然变暖，但北风依旧在呼啸着。

在这陡变的天气中，飞来的所有雄小孔雀蝶全部都是从北边飞进花园的。它们乘风飞来，没有一只是逆风

词语在线

寒流：指寒潮。

飞行的。如果它们有与我们类似的嗅觉作为罗盘，如果它们是受分解于空气中的气味的微粒所引导的，那它们就该是从相反的方向飞来才对。如果它们是从南边飞过来的，我们就会因此认为它们是闻到风吹来的气味才寻到地方的。在北风呼啸，空气洁净，什么气味也闻不到的天气里，它们却从北边飞过来，这就推翻了我们认为的它们在很遥远的地方就嗅到了雌性小孔雀蝶气味的假设。

两个小时内，在阳光灿烂之下，造访的雄小孔雀蝶们在我的实验室门前飞来飞去。大部分都在长时间地探寻，有的撞墙欲入，有的掠地而过。看到它们如此犹豫不决，我想它们是因为找不到那个诱饵的准确位置而焦急万分。它们从遥远的地方飞来，并没有弄错方位，可到了地方却又弄不准确切位置了。不过，它们早晚会飞进屋里去向被囚的雌蝴蝶献殷勤的，但它们也不会久留。下午两点钟的时候，一切都结束了。总共飞来了十只雄性小孔雀蝶。

整整一星期，每当正午阳光十分明亮时，一群雄小孔雀蝶就会飞来，但数量却在减少。前后加起来大概有四十只。我觉得没有必要重复实验了，因为不会从它们身上获得比我已知的更多的资料了，所以我只是在注意两个情况。首先，小孔雀蝶是在白天活动的，并且是在

名师点评

这段话主要描写了小孔雀蝶的寻偶过程，诙谐幽默的语言让整个过程显得轻松而愉快。

太阳最强烈的时候举行婚礼的。它们需要足够的阳光。而与它成虫的形态和毛虫的技艺接近的大孔雀蝶则完全相反，它们需要的是黑暗。这种相反的习性谁有能耐解释清楚，谁就去解释吧。其次，一股强气流从相反方向吹散可以给嗅觉提供信息的分子，但却不会像我们的物理学假设的那样，阻止小孔雀蝶飞向有气味的气流的相反的一方。

为了继续进行研究，我就需要一种在夜间举行婚礼的大孔雀蝶，但不是小孔雀蝶，因为它来得太晚了，况且我没有问题需要它来解答。我需要研究的另一种蝴蝶，随便哪种，只要它在婚礼上敏捷灵活就可以了。我可以获得吗？

品读赏析 本篇中，作者经过多次实验细致、深入地研究大孔雀蝶的繁殖特点。作者认为，大孔雀蝶之间依靠气味来传递信息。但是，作者没有轻易下结论，转而又想到了电磁波等的可能性，并不断做实验来证明。由此看出作者对科学的严谨态度，同时也启示我们要实事求是，不能一知半解就妄下结论。

写作积累 XIEZUO JILEI

彻底无望　一路畅通　竭尽全力　奄奄一息

·为了"结婚"这唯一的生存目标，大孔雀有一种独特的天赋。它能飞过漫长的距离，穿越黑暗，冲破阻碍，发现自己心中的伴侣。

·每当星期四，他们在完成那让人讨厌的动词变位的学习以后，就跑向田间和山坡，找到数条大毛虫，用小棍子尖端挑着送给我。

·它们晓得昨晚幽会的准确地点。我还认为它们会依靠记忆飞回那里，当它们发觉那里物是人非时，就转变方位接着找寻。

·记得有一天，我把雌蝴蝶关在帽盒里，藏到壁橱里，并将壁橱的门关上。雄性大孔雀蝶们来到门前，朝壁橱门扑去，渴望闯入。

·接连两天它们都在原地待着，不曾动弹。对亮光的迷恋使它们忘掉了自己的爱情。

·其次，一股强气流从相反方向吹散可以给嗅觉提供信息的分子，但却不会像我们的物理学假设的那样，阻止小孔雀蝶飞向有气味的气流的相反的一方。

思考练习

1. 大孔雀蝶是通过什么传递信息的呢？
2. 作者为了验证自己的猜测做了哪些努力？
3. 小孔雀蝶的沟通方式跟大孔雀蝶是否一样？

圣甲虫

母爱，不仅是人类非常伟大的感情，也同样在圣甲虫身上体现得淋漓尽致。圣甲虫是一个让人惊叹的垃圾分解者，它帮助我们创造美好的环境，那么，它们是以垃圾为食物吗？作者说圣甲虫是可爱而固执的，为什么要这么说？带着这些问题让我们来看下面的这一章节。

各种动物本能习性中最高级别的是做窝筑巢和保卫家庭。巧妙的鸟儿建筑师告知了我们这一点；在本能方面更加多样化的昆虫也使我们见识了这一点。昆虫对我们讲："母爱属于本能的崇高境界。"母爱旨在保障族类长期繁衍，这是远高于保护个体，更与利害息息相关的头等大事，所以母爱唤醒最迟钝的智力，使其高瞻远瞩。母爱要远高于神圣的源泉，不可思议的心智灵光就孕育其中，并能够突然迸发而出，使我们领悟到一种避免失

词语在线

高瞻远瞩：
形容眼光远大。

误的理性。母爱愈坚强，本能便愈优良。

在这方面有一种昆虫最值得我们去关注，那就是膜翅目昆虫，其身上凝聚着最充分的母爱。它们将自己的毕生经验和智慧都给了子孙后代，并致力于为子孙后代觅食谋屋。

它们是种种天赋才干中的好手。一些是棉织品以及许多絮状物品的编织高手；一些是编制细叶片篓筐的能工巧匠；一些属于泥瓦匠，负责建造水泥房间、砖石屋顶；一些是陶瓷行家，使用黏土制作高档的尖底瓮、坛罐以及大肚瓶；一些擅长于挖掘，在湿热的地下修建神秘的地宫。它们掌握的技艺成百上千、数不胜数，简直能够同我们人类掌握的比肩，其中有些我们甚至还不知晓，但它们却已用于居所的建造。

随后，它们便得考虑以后储备的食物：成堆的蜜，成块的花粉糕，精心造出的野味罐头……在以未来的家庭为目标的这类工程中，闪烁着母爱激励下的各种最高本能。

而在昆虫世界中，别的昆虫的母爱通常说来都较肤浅潦草，敷衍塞责。几乎绝大部分昆虫，只是将卵产在合适的地方就放任不管了，狠心地让幼虫独自冒着受伤甚至是死亡的危险，去寻觅住所和食物。抚养如此不认真，

名师点评

作者在这里采用排比的修辞手法，列举了膜翅目昆虫的种种天赋，层次清楚、描写细腻、形象生动。

词语在线

敷衍塞责：做事不负责或做人不恳切，只做表面上的应付。

才干如何也就无所谓了。

如果母亲从温柔甜蜜的育婴中脱离开来，那么所有特性中最优秀的智能特性便会渐渐减弱，甚至完全泯灭。因为无论是动物还是人类，家庭一直是尽善尽美的源头。若是对子孙后代爱护有加、体贴入微的膜翅目昆虫足以令我们赞叹不已的话，那么不顾子孙死活、任由其自生自灭的别的昆虫，就显得太不像话了；而这里说的别的昆虫几乎占了昆虫的大部分。在各地的动物志里，我仅见过两个例子。例如，采蜜的昆虫和食粪的昆虫，它们替自己的家人准备食物和建造居所。

让人感到惊讶的是，在细腻的母爱方面足以与食花的蜂类相媲美的昆虫，竟然是以消灭垃圾、净化被牲畜糟蹋过的草地作为使命的食粪虫类。若是想再找到谨记妈妈职责又有丰富的母性本能的昆虫妈妈，那么请你从芬芳四溢的花坛转向大马路上骡马遗留的粪堆。自然中与此相近的两个极端比比皆是。对于大自然而言，我们的美或丑，肮脏或者干净又算得了什么？大自然利用污秽为我们孕育出鲜花，用粪肥给我们创造出优质的麦粒。

各种食粪虫尽管天天和粪便打交道，但是却享有一种美誉。其身材基本都是小巧玲珑，穿戴庄重并且无可挑剔的光鲜，身子胖嘟嘟的，呈短壮体形，额头以及胸

词语在线
糟蹋：浪费或损坏。

名师点评
在这里，作者呼吁我们不要用人类的眼光看待自然的美和丑、肮脏和干净。

廓上都佩戴着怪异的装饰品，所以它们在收藏家的标本盒里显得光鲜照人，尤其是我国的那些品种，尤为乌黑发亮，还有一些热带的品种，金光闪闪，黑紫油亮。

它们是牲畜赶不走的客人，一种苯甲酸的淡淡香气从它们身上散发开来，能够净化羊圈里的空气。它们那如田园诗般的生活习惯让昆虫分类辞典的编纂者们十分惊讶，因此这些之前不怎么关心其生死的学者们，这一次却转变了看法，对它们介绍时也用上了一些好听的名字，如梅丽贝、迪蒂尔、阿嫚达、科利冬、阿莱克西丝、莫普絮斯等。这些名字全是古时田园诗人们时常用到并早就很响亮的名字。食粪虫也被用维吉尔式的田园诗中的词汇来赞扬了。

瞧那一股牛粪堆儿上你争我抢的劲儿啊！最先从世界各个地方聚集到加利福尼亚的淘金者们的那股热情劲儿也和它们没法比。在阳光高照之前，它们成千上万地奔来，大小不同，种类多样，全都想在这个大蛋糕上分一杯羹。它们有的在露天地里干活，搜刮牛粪表面；有的钻入厚实的牛粪堆里，挖个地道，寻找好的矿脉；有的凿开底部，立刻将挖到的珠宝钱财埋到地下；那些个儿小又力弱的则待在一边捡身体强壮的伙伴们落下的残渣什么的。有几个新来的也许是饿得受不了了，在原地就吃起来了，但大多数都想捞一笔，所以要把挖到的钱财藏在安全的地方，以备不时之需。当你身在四处飘香的田野间时，没发觉一点儿新鲜牛粪，突然到了这儿，看到这些一堆堆的宝物，那真是上天赐予的呀，只有有福分的才会这样幸运。因此，它们就把今儿这无价之宝小心翼翼地收集起来。粪香四散，方圆一公里都可以闻得到，食粪虫们纷纷而来，争抢这些美好的食物。落在后面的跑着、飞着，正忙着向前赶哩。

那个担心会迟到而朝着粪堆一溜儿小跑的是谁呀？它那长长的爪子僵硬而笨拙地一前一后地扒拉着，如同有一个机器在它的肚腹下朝前推着它一样；它的那双棕红色小触角大张着，透露着垂涎欲滴的急躁情绪。它在玩儿命地赶，最后它赶到了，还把身边几位食客碰倒了。这就是圣甲虫，它一身墨黑装扮，在食粪虫中数它的身材最高大，名气也最响。古埃及人对它无比尊敬，把它看作长生不老的象征。它已然加入，与同桌的食友一起战斗。食友们正用自己宽大的前爪微微地敲打粪球，进行最后一个步骤，或者再向粪球上添上最后一层，完了转身而去，回去安心地享受自己的劳动成果。我们来看一下那有名的粪球的一道道生产工序吧。

圣甲虫头的周边是个帽子，扁平宽大，上有六个细

名师点评

古埃及人看到小圣甲虫从粪球中诞生，于是将其视作"死而复生"的代表，奉为神明。

的尖齿，排成半圆状。这便是它挖掘与切割的家伙，是它的耙子，能用于撬开和抛撒没养分的植物秆子，把有用的耙在一块儿聚到一起。它们对食物的选择就是这样开展的，因为对于这些行家来说，它们对哪儿优良哪儿需抛弃已了然于胸。如果圣甲虫是为自己寻找食物，它们选个相差无几的就差不多了，但一旦想到自己的孩子，它们就会精心挑选，十分严格。

你看，它用带齿的头盔拱一下，挑一下，排除要抛下的，之后把别的归整一下就好了。两条前腿一块儿用力地忙活。它的前腿是扁平状的，弯作弓状，上面有大致的纹路，外侧配有五个硬齿。假设需要用力，把阻碍物推开，在粪堆中特别厚实的地方清一条道出来，圣甲虫就用肘力，也就是用它带齿的前腿来回归拢，再用齿耙用力一耙，就腾出一个半圆形的空地。

地盘清好以后，前腿还有别的工作要做：把顶耙耙到的东西归整在一块儿，耙到自个儿的肚腹下的后面四只爪子那儿去，这四只爪子生来便是为了进行施工任务的。这些足爪，尤其是最后的两只，既细又长，稍稍弯曲成弓形，顶端长着一个非常锐利的尖爪。稍微看上一眼就能看出它们十分像圆规，在它弧状支脚之间弯成一种球状，可以测量球面，制作球形。它们确实是用来制

名师点评

对于自己的孩子，圣甲虫同人类一样，付出了特别的关爱。对于食物，如果是自己吃的，它们只是随便挑一挑就可以了，但是对于自己孩子吃的食物，它们就会精挑细选。

作粪球的工具。

食物一把一把地被耙到肚腹下的四只爪子中间，后爪紧接着稍稍用劲，就能够按照腿部的曲线将粪球的雏形挤压成。之后，这雏形粪球时不时地被四条后腿弄成的两把圆规摆动、压挤，逐渐变小变结实，再由肚腹加工，粪球的形状渐渐完善。如果粪球的表面那层太坚硬，被剥落的概率十分大的话；或者其中有的地方纤维太多，旋转起来很难的话，前腿就会对不适合的地方展开深加工。它们用宽大的拍子微微拍打粪球，让新增加的东西与之前的十分结实地合而为一，并将那些不好粘贴的东西在粪球上拍实。

即使是在艳阳的炙烤下，旋工对粪球的加工仍然在繁忙地进行着，你可以察觉到它们做起活来是如此快速利落：最先的雏形仅是个小弹丸，现在已成为一颗核桃那样大了，不一会儿就可以变成苹果那样大小。我之前见过食量吓人的圣甲虫居然旋出一个拳头大小的粪球。这肯定需要数天时间吧！

加工完食物，就要离开杂乱的战地，把食物运往适合的地点了。这时，圣甲虫最让人感叹的习性慢慢表现出来了。圣甲虫匆匆忙忙地上路了。它将两条长后腿勾住粪球，用锐利的尖爪插到球体中去，起到旋转轴的作用；中间的两条腿用作支撑；前腿带护臂甲的齿足作杠杆，双足轮流按压、弓身、低头、翘臀，倒运着粪球。后腿是这机器的主要构成部分，它们不停地在运转；它们来来回回，交换着足爪，以协调轴心，让乘载物保持平衡，并在其左右两侧轮番推动，使粪球向前滚动。这样一来，粪球面部各点都一个接一个地接触地表，使它不间断地被碾压，形状更是完美，球面硬度也因为受力匀称而慢慢趋于一致。

用劲呀！好，它朝前滚动了，按当前的状况，它必定可以被运回家，但也避免不了一些磕磕碰碰。这不，困难马上来了。圣甲虫遇到了一个斜面坡儿，笨重的粪球要沿斜坡滚下去，可是圣甲虫硬要依自己认可的来，硬要横穿这个天然屏障，这胆儿可真够大的，一不小心，一旦踩到一点儿坏事儿的沙子，就可能丧失平衡，前功尽弃了。果不其然，它脚下一出溜儿，粪球就滚向沟里了。这滑下的粪球把圣甲虫一带，使它摔了个仰面朝天，爪子在那儿随意蹬踢着。它费尽心思转过身来，去寻找它的粪球了。

它的机器更加卖力地工作起来——是该当心点儿了，傻帽。顺着沟底走，不但省力而且安全。沟底路好走，非常平坦，你不需要费多大的力气，粪球就可以滚动向

前的。可是这圣甲虫偏偏就是不听，它固执地向那可以说是它的克星的斜坡走去，也许登到高处对它来说是充满诱惑的。我真是无话可说了。对于身居高处的优越性来讲，圣甲虫的观点比我要更有远见。可你至少该走这条道呀，那坡儿相对较缓，你能很轻松从那儿爬到顶上的。它根本就不听，假若有什么非常陡的、不能攀爬的斜坡，那个顽固的小子就偏偏爬上它。

因此，像西西弗斯一样的工作开始了。它专心致志地、一步步地、十分艰难地向上滚动那巨大的粪球。它始终是倒退着在推动。我在考虑，它是使用哪种神功把这么庞大的粪球在斜坡上稳住的。啊！稍一调整不好，它就瞎忙活大半天：粪球滑下去，把它也连着摔了下去。然后，它又慢慢往上爬，不一会儿再一次摔下去。它随之又向上爬，这回走得很好，困难路段好歹过去了，原来是一个禾本植物的根在捣乱，让它摔了好几回，这一次它谨慎地绕开了这个讨厌的根。再加一把劲儿就到顶了，但要加倍小心啊，坡陡道险，稍不小心便前功尽弃了。你看，脚踩在滑滑的卵石上，一滑，粪球和圣甲虫一并连滚带翻地又滑回去了。可圣甲虫又开始向上爬，仍然坚持不懈，没有什么可以使它泄气的。十次，二十次，它尝试着这总也爬不上去的陡坡。最终，它或是以坚强

名师点评

西西弗斯是希腊神话中的悲剧之神，他触犯了宙斯，被罚将一块巨石推上山顶，每次快到山顶时石头就会滚落下来，他就这样一直重复这个无止境的工作。这里把做无用功的圣甲虫比作西西弗斯，十分贴切。

名师点评

圣甲虫不达目的绝不罢休的精神以及遇到问题常思考的做法，非常值得我们学习。

的意志攻克了重重难关，或是经过更加周密的思考，承认自己之前所做的没用的努力，它重新选取了一条平整的道儿，终于如己所愿地完成了工作任务。

这贵重的粪球并不是每回都由一只圣甲虫单独运送，圣甲虫运送粪球时常会有同伴帮助，或者更确切地讲，是同伴主动过来帮忙。一般情况下是这样做的：一只圣甲虫加工完粪球以后，就离开烦乱熙攘的群体，倒退着推动自个儿的战果离开战地，最后过来的那些圣甲虫恰好有一只在它的身边，正在开展自己的粪球加工工作，却忽然放下了手里的活，朝那滚动着的粪球奔去，帮助这个运气好的成功者，后者也似乎十分愿意接受这个帮忙。此后，这两个同伴就一起干起活来。它俩全力以赴地把粪球向安全的地方运去。在战地上是不是当真有过协议，双方默认平分这块蛋糕？在一个制作粪球时，另一个是不是在挖掘富矿脉以得到原料，添加到共同的财富上去呢？我从来没见过这种合作，我始终看见的是每只圣甲虫都独立地在开采地点忙于自己的工作。因此，后来者是没一点儿既定收益的。那么，这是不是异性同类中的一种合作，是一对儿圣甲虫在为自个儿的美好小家庭努力拼搏吗？在一段日子里，我确实有这种想法。

两只圣甲虫，一前一后，满怀激情地在一块儿推着那重重的粪球，这让我想到了之前有人手摇风琴唱着的歌儿：为了布置家庭，咱们怎么办呀？我们一起推酒桶，你在前面我在后。在通过一番解析后，我就丢弃了这种夫妻互帮的观点。因为光看外表，是分辨不出雌雄圣甲虫的，因此我把两只一起合作运送粪球的圣甲虫拿来剖析，我发现它们基本上是同一性别的。

既没有家庭共同体，也没有劳动共同体，那么存在这种表面上互助合作的理由是什么呢？理由十分简单，就是将劳动成果据为己有。那个看似好心的伙伴前来帮忙，实际上是藏有心机的，一有机会就抢走粪球。粪球的制作过程既累人又需耐力，要是能抢个现成货，或者至少强行入席，那可就划算多了。假如主人无防备，帮忙者就可抢走粪球逃之夭夭；假如主人的警觉性很高，那就以自己也出了力而二人同席。这一招不管怎么算都是可以获得好处的，因此抢夺就成了这个世上收效最好的一种方式。有的就阴险狡诈地这样去做了，就像我刚刚所讲的那样，它们兴致勃勃地去帮一同伴，实际上后者压根儿不需要它们帮助，而且它们装着好心，其实心里藏有杀机。还有一些圣甲虫，更是胆大包天，直奔主题，强行夺取他人的粪球。

哪里都有这类抢劫行径。一只圣甲虫兀自推着自己经勤恳劳作所得到的合法收益安静地离去了。另一只，也不晓得是从哪儿跑出来的，前来抢劫，身子狠狠地落下，把被烟熏了一样的翅膀收到鞘翅下面，然后挥起带锯齿的臂甲的背面扇倒粪球的拥有者，后者正在忙于推粪球，压根儿就没抵挡之力。当受袭者玩命挣脱，再次站稳时，攻击者已站在粪球高处，那是击退对手的最好位置。它把臂甲收到胸前，开始迎敌，以备不测。此时，丢东西的在粪球旁边走来走去，想寻找个好的出击点；偷东西的则立在城堡顶上骄傲地不断移动，总是面对着失窃者。假如失窃者直起身来攀爬，盗窃者就向前者的背部狠狠地一击。如果进攻者不转变策略就想抢回丢失的物品的话，那防护者因处于城堡高的地方，必将一回回地击退对手的进攻。可以看出，进攻者企图把城堡和其守护者一起推倒。粪球底端受到摇摆，开始慢慢滚动起来，盗窃者也跟着滚动，它用尽办法一直立于粪球顶端。它做到了，可并不是始终如此。它在不间断地快速跟着滚动，以使自己保持平衡。只要脚下一滑，优势全无，那就只能与对手赤膊上阵，彼此身体对身体，胸对胸，你碰我顶地拼打了。它们的爪子绞在一块儿，节肢相抵，头盔相撞，发出金属锉磨的尖锐之声。之后，把对手掀倒，摆脱出来的那位便抓紧爬到粪球顶部，抢占有利的地形。

赤膊上阵：比喻不讲策略或毫无掩饰地做某事。

新一轮围困又开始了，侵略者与被侵略者轮着包围，这全靠血拼来决定胜负。二者之中，不必说定是这侵略者胆大包天且临危不惧，侵略者时常占据上风。因此，被侵略者经历两次失败后，便丧失斗志，只好回到粪堆去再次制作一个粪球。而那个侥幸胜利的侵略者则很害怕已过去的危险会又一次来临，就推着抢来的粪球抓紧向自己觉得靠谱的地方跑去。偶尔，甚至第二个侵略者会到来，抢夺前一侵略者盗取的赃物。说内心话，我不是很烦它。

　　我徒劳无益地在推敲，那个把"家当即赃物"这个放肆的狂言乱语用到圣甲虫习惯中的普鲁东到底是什么人？那个把"武力超过权力"的野性法则在食粪虫的生活里加以发扬光大的外交家是哪位？由于收集的资料很少，因此我没办法从源头深入观察这些常见的抢劫方式，无法搞明白这种为了夺取粪团而滥用武力的理由，我能肯定的就是抢夺骗取是圣甲虫的常用伎俩。这些运送粪球的昆虫之间你夺我抢，毫无顾忌，我还真没见到别的昆虫这样不知廉耻地干过。索性，我把这种昆虫心理方面的疑问留给今后的观察者们去研究吧，我还是回头来说说那两个合伙搬运粪球的家伙。

　　也许用词不准确，但我还是把那两个合伙者称为共

词语在线

临危不惧：遇到危险，毫不惧怕。

名师点评

作者对第一个掠夺者满怀痛恨，因此在看到它又被其他掠夺者掠夺后，会产生一种"恶有恶报"的感觉；相对应的，对第二个掠夺者的恨意就会减少。

同运送者。两个中间一个是强行加入的，另一个也许是迫于无奈而被迫接受的，因为担心遇到更大的危险。它俩的相碰倒还算友好。合作者到来之时，拥有者正专心致志在做自个儿的活儿，新来者似乎怀着最大的善意，立刻投入工作。二人你推我拉，相互合作。但拥有者占据主导地位，担任主角。它从粪球后面向前推，后腿向上、脑袋朝下。那个帮手则在前头，姿势和前者相反，脑袋向上，带齿的双臂按在粪球上，长长的后腿撑在地上。它俩将粪球夹在中间一前一后地滚动着，粪球就这样翻滚着。

二者也并不是合作无误，尤其是帮手背对路径，再加上粪球又挡住了拥有者的眼睛。因此，事故频频，摔个大马趴是经常的事，还好它们能泰然处之，摔倒了立刻爬起来，然后各归各位，各司其职。但即使是道路平整，这种运送方式仍旧是事倍功半的，理由就是它俩的合作不能那样完美。事实上，就是让后面的圣甲虫独自做，也一样能够做得很快，并且能够很利索。那个帮手倒是在帮倒忙，弄得不利于运送；在表现出自己的善意以后，它打算稍作休息。当然，它是不可能放弃它已看作是自己财产的那个珍贵的粪球。在它看来，摸过的粪球就是自己的了。可它也不会贸然行事，要不对方会把它晾在那儿。

新来者把腿收回到肚腹下面，身子紧紧地挨在粪球上，与它连为一体。于是粪球和这个助手在合法主人的推动下一起朝前翻滚着。粪球在这个合伙者的身下，随着粪球的翻滚，它一会儿上，一会儿下，一会儿左，一会儿右，它毫不在意。它就是要帮到底，并且是不动声色地在帮。这种帮手真少有，让他人用车推着自己，还想得到一份酬劳！

前面到了一个大陡坡，它只好帮一把手了。推到陡坡上时，它成为了排头兵，只看到它用自己那带齿的双臂狠狠地拽住沉重的大粪球，而那个拥有者则在下面玩命抵着，一点儿一点儿地向上顶着。这两个合作者，就这样一个在上方拽着，一个在下方撑着，十分默契地向坡上爬着。假如没两只圣甲虫的全力合作，仅靠一只是无论如何也不能把粪球推上去的。可是，并不是所有的圣甲虫在这一艰难时刻都能表现出一样的激情。有一些圣甲虫在攀爬斜坡这一不得不用力配合才可以的时刻，似乎根本不觉得有困难要战胜一样。在西西弗斯拼命地尝试越过阻碍时，另一位却占据高位，一副坐等成果的样子，与粪球一同上下滚动。

现在，我们设想那只圣甲虫十分幸运，获得了一个

✎ 名师点评

作者运用幽默的语言对来"帮忙"的圣甲虫进行了一番嘲讽，表现出作者对这些不劳而获者的鄙夷。

可靠的合伙者，或者再好一点儿，假定它在中途没能碰到不期而来的同类。这样，一切准备好，能够开始下一步了。地窖已挖好，是一个在相对宽软的土地上挖的洞，基本上是在沙地里挖，洞不深，有拳头那样大小，有一条细道和外面相通，细道大小刚好可以让粪球进去。食物一进地窖，圣甲虫就藏在家中，用藏在角落里的杂物将地窖进口堵起来。大门一关，外面压根儿就猜不到这底下存在一个宴会厅。

词语在线

功德圆满:这里指圣甲虫大功告成。

功德圆满，它非常开心；宴会厅里餐桌上全是高档食物；天花板挡住空中炙日，仅让一点儿温暖潮湿的热气透入；环境幽雅，外面有蟋蟀合唱声阵阵；这些都有利于肠胃功能的发挥。我思绪缥缈，忽然感觉自己正俯身于地窖口处，耳边隐约传来海洋女神该拉忒亚歌剧中的那段著名唱段："啊！周围的一切都在忙忙碌碌时，无所事事是多么美妙。"

有谁忍心要去打扰这位正在宴席上悄悄享受的小子呢？但是，强大的好奇心能够让人们去做任何一件事情，而这样的胆子，我曾有过。我在这里把自己擅闯民宅的场景诉说下来。我看见仅一个粪球就已基本上把整个宴会厅占据了——这奢侈的食物下抵地板，上顶天花板。一条狭小的通道把粪球与墙体分开。食者就在通道上用餐，通常是一人，最多也不过两位。它们的肚子靠在餐桌上，背撑着墙壁。座位只要挑好，就不再调换了。接下来，它们就张开嘴大吃起来。它们没有产生一点儿小吵嘴，因为那样子就会少吃一口；它们不会挑肥拣瘦，那是在糟蹋食物。这一切全都前后有序，毫无偏差地穿肠而过。

<u>看到它们这样真诚用心地围着粪球在吃，你会认为它们觉察到自己在进行净化大地的工作，晓得自己为之奋斗的是那种用粪肥养育鲜花的精细化学工程。鲜花使人心旷神怡</u>，而圣甲虫的鞘翅能点缀春暖花开的草坪。

虽然马、牛、羊的消化系统已经十分完善，可是它们的排泄物中仍旧残留着还没被消化的一些物质，而圣甲虫则将它们留下的那么多残留物质加以利用。为此，圣甲虫就必须拥有一套完整的工具。

果不其然，通过解剖，我惊叹地发现其肠道非常长，绕来绕去，使吃进去的食物能够慢慢地被吸收，直到最后一个能被利用的颗粒被消化干净为止。因此，那些食草动物没有消化吸收干净的物质，通过食粪虫类的高效蒸馏器这么一提取，便能够获得一些财富，并且这些财富稍稍加工处理，便可以变成圣甲虫墨黑的铠甲和别的食粪虫类昆虫的金黄色的、或者赤红色的胸甲。

名师点评

圣甲虫用自己的努力换取食物，又顺便让大自然变得洁净，使作者对这种昆虫充满敬畏，甚至产生它们是有意如此的错觉。

但是，环境卫生规定了这种令人赞叹不已的垃圾处理工作要在最短的时间内做完，而圣甲虫就刚好具有这种其他昆虫所未具备的非常强大的消化能力。一旦食物进入地窖里面，圣甲虫就会不分昼夜地吃着，直至把食物消灭干净为止。在你有了一定的实践经验后，将圣甲虫关在笼子里养是非常容易的。我便是采取这种方式获得了这些资料，这对了解圣甲虫的高效消化能力非常有益。

整个粪球就这样一点儿一点儿地依次通过消化道。接下来，圣甲虫隐士就再次爬出地面，寻找新机会。找到以后，便重新做粪球。一切便又重新开始了。

有一日，天气干燥无风，这种氛围尤其适宜我喂养的圣甲虫们大快朵颐。于是，我揣着表，守候在一个露天进餐者的面前仔细观看，从早上八点一直延续到晚上八点。这只圣甲虫仿佛遇到了一块非常合胃口的食物，整整十二个小时的时间，它从没停止过咀嚼，一直停留在餐桌前的同一个地点纹丝不动地吃个没完。晚上八点钟的时候，我最后一次看它，只见它的胃口丝毫未减，就像刚开始吃时一样地起劲儿。这次宴会还会持续下去，直至圣甲虫将全部的食物彻底消灭才会宣告结束。到次日的时候，那只圣甲虫的确不在那儿了，昨天没有嚼完的那块食物现在仅仅剩下点儿渣末了。

整整一个小时过去了，这么长的一幕，就仅仅是进食，囫囵吞枣，精彩万分，那消化的一幕则更加妙不可言。圣甲虫是前面在不停地吃，后面则一直往外排泄。这些排泄物已经没有养分了，连成一条黑色细线，就如同鞋匠的细蜡绳。边吃边排泄，足见其消化之神速。初始咀嚼，它那拔丝机就会运作开来，直至最后几口吃完，这机器才停止运转。那根细蜡绳从头到尾没有发觉有断头，一直挂在排泄口上，下端的已盘成一堆，只要没有干透，就可以轻易展开来成为一条细长绳。

这排泄的整个过程就好像秒表那样精确。大约一分钟的间隔，要更加准确地说是四十五秒，即会有一小段排泄物出来，细绳随之就会增长三十四毫米。一旦细绳长到一定程度，我便把它截断，放在刻度尺上量量它的长度。测量得出的结果是，十二小时的总长为二点八八米。夜晚八时，我在提灯下做完了最后一次察看。而后，这圣甲虫还会继续吃夜宵，因此这进食和制绳的活计还会再干一段时间，所以圣甲虫拉成的那根没有断头的细长绳总长约为三米。

知道了绳长和直径，排泄物的体积就可以轻易测算出来了。然而要量出圣甲虫的确切体积，同样也很容易，

名师点评

这段话表面是在介绍圣甲虫的排泄规律，但从侧面，让我们看到了作者所做出的努力，不仅体现了作者对科学的严谨态度，还能让我们体会到作者对昆虫的热爱。

仅需将它放进有水的量筒，看一下水位线就可以了。这些取得的数字并非毫无意义。通过分析这些数据，我们知道了圣甲虫竟然在一次持续十二个小时的进餐中吃掉了与自身体积相差不多的食物。胃是多么的好呀！而且消化能力又是这样强，消化速度又是如此快！刚开始咀嚼，排泄物就马上被消化成细绳状，始终拉长，直至进餐结束。在这台也许从不会失业的蒸馏器里（除非加工的原材料匮乏），只要原料已进入，立刻由胃囊开始加工，吸收干净，而后排出。这使我禁不住有这样的联想，如此一座可以高效处理垃圾的实验室要用在净化环境方面能够发挥多大的功效啊！

品读赏析

　　文章重点描述了圣甲虫寻找、收集、搬运食物的过程。作者通过对圣甲虫收集、加工食物等细节的描写，让我们认识了一种智慧的、技术高超的、可爱的小昆虫。从圣甲虫搬运食物的过程中，我们看到了一种不怕困难、不怕吃苦的小昆虫。在文中，作者采用借物喻人的写作手法，告诉我们：面对困难应该坚持不懈、百折不挠。

以备不测　泰然处之　不动声色　囫囵吞枣

·二者之中，不必说定是这侵略者胆大包天且临危不惧，侵略者时常占据上风。

·那个把"家当即赃物"这个放肆的狂言乱语用到圣甲虫习惯中的普鲁东到底是什么人？那个把"武力超过权力"的野性法则在食粪虫的生活里加以发扬光大的外交家是哪位？

·也许用词不准确，但我还是把那两个合伙者称为共同运送者。两个中间一个是强行加入的，另一只也许是迫于无奈而被逼接受的，因为担心遇到更大的危险。

·因此，事故频频，摔个大马趴是经常的事，还好它们能泰然处之，摔倒了立刻爬起来，然后各归各位，各司其职。

·整个粪球就这样一点儿一点儿地依次通过消化道。接下来，圣甲虫隐士就再次爬出地面，寻找新机会。找到以后，便重新做粪球。一切便又重新开始了。

·整整一个小时过去了，这么长的一幕，就仅仅是进食，囫囵吞枣，精彩万分，那消化的一幕则更加妙不可言。

思考练习

1.作者怎样看待圣甲虫之间的相互合作？

2.作者为何会赞叹圣甲虫的消化能力？

3.文中为何充满对圣甲虫的赞誉之情？

西班牙蜣螂

西班牙蜣螂的产卵位置跟圣甲虫的是不一样的，它的卵产在哪里呢？西班牙蜣螂的窝跟圣甲虫的窝是一样的吗？在产卵季节，雌雄西班牙蜣螂是怎样配合的？它们又是如何建造自己新家的呢？所有的这些问题，都能够在文章中得到答案，下面就请认真阅读吧。

为了虫宝宝，昆虫按照本能会做一些事情，而所做的正是人遵从经验以及研究所获知的理性指导它们去做的，这一点不是哲学那微不足道的道理所能够解读的。因为科学的严谨性，任何事我都需小心对待。我这并非是要给科学一副令人憎恶的面孔，因为我确信人们即使不使用一些粗俗的词汇也可以讲出一些绝妙的事情来。清晰透彻是耍笔杆子的人的高明手段，我要竭尽全力地做到这一点。所以，使我停笔思考的那种谨慎是属于其他范畴的。

词语在线

耍笔杆子：用笔写东西（多含贬义）。

我总是询问自己，我这是不是受到某种假想的欺骗。我心里一直在思考："圣甲虫和别的甲虫都是粪球制作工匠。它们是从哪儿学的这种行当？或者是机体结构导致的？尤其是它们有长长的爪子，并且有的爪子还稍微弯曲。假如它们在为小甲虫而忙碌的话，那它们在地下继续发挥自己那制作粪球的特长又有什么好奇怪的呢？"

<u>成虫给幼虫准备了柔软、合适的食物，这真是出于对子女的关爱吗？做球对于甲虫来说是本职工作，并不是专为幼虫而做。</u>这种动物的腿又弯又长，在地面上滚球得心应手，那它为什么要到地底下去做球？这显然很奇怪，动物会去干一些自己喜欢的事情，地下做球显然不是圣甲虫喜欢的。那么，它把球加工成梨形会不会有别的目的，而并非为自己的幼虫呢？

📝 **名师点评**

　　作者这些疑问涉及的学科和理论太多，至今科学界也无法解答，可见生命还有无数神秘之处等待人类去解答。

为了最终使自己信服，我观察了另外一种食粪虫。这种甲虫在平常生活中根本就不了解粪球制作工艺，但是到了产卵时节，它却会一反常态，把得到的材料制作成粪球。我家周围有这样的食粪虫吗？有的。它甚至是除圣甲虫外最美最大的一种，它就是西班牙蜣螂，其前胸截成一个险坡，头上也长着一个十分惹人注意的怪角。

西班牙蜣螂身材矮胖，蜷成一团，行动迟缓。蜣螂的爪子很短，稍微有些风吹草动，它就会把爪子缩回肚腹下端，与粪球制作工们的长腿简直没法比。只需看看它的样子，就极容易猜想得到它是根本不喜欢推着一个大粪球奔波的。

除了身体不灵活，它的性格也不活泼。蜣螂一旦找足了食物，夜间或黄昏，就会在粪堆下挖洞。挖的仅是个粗糙的洞，能放进去一只大苹果。而后，它三两下地一摆弄，粪料就成了屋顶，或者至少堆在其门口；体积很大的食物没有一个固定形状地落进洞里，这也就是它贪馋好吃的证据。只要食物还有剩余，西班牙蜣螂就不会返回地面，仅仅是一门心思地大快朵颐。直至饭尽粮绝，这种隐居生活才算是结束。于是，它会重新开始寻觅、收获、挖洞，再建另外一个临时居所。

有了这种无须事先准备便可吞食垃圾的本领，显而易见，西班牙蜣螂根本就不会去弄清楚揉捏粪球的工艺。再说，其爪子短小、笨拙，好像根本无法干这类工艺活儿。

五月，最晚六月，产卵期就到了。西班牙蜣螂已习惯了拿最肮脏的粪料填满自己的肚子，现在是时候考虑自己的子女了。就如圣甲虫一般，此刻它也不得不找到食物制成一个软面包，并且还得和圣甲虫的一样。这个软面包必须营养丰富，可以就地完整地埋到地里，地面上不留一点儿残渣碎末，因为必须节约，一点儿也不可以糟蹋。

名师点评

很多学者认为，生物的大部分习性都是自然选择的结果，西班牙蜣螂之所以显得如此"懒散"，也是环境导致的。

　　我看见西班牙蟋蟀并没有远行、运送和进行任何的预备工作，那个软面包便被划拉到洞中去，就在它的休憩之地。为了自己的宝宝，它在反复进行着之前为自己所干的事情。至于地洞，足足有一个鼹鼠洞那么大，是个宽敞的洞穴，离地面有差不多二十厘米。我发觉它比西班牙蟋蟀大快朵颐时的那种暂时住宅要大很多，精细得多。

　　但是，我们还是不要打扰它，依旧让西班牙蟋蟀自由地做活儿吧。偶尔发现的情况所提供的资料也许是不完整的、片面性的，内在联系也不太明显。饲养在笼中就十分便于观察，蟋蟀也非常配合。我们不如先瞧瞧它是怎样储备食物的吧。

　　在夜晚朦胧的光线下，我看见它在洞门口出现了，它是从地下深处爬上来搜集食物的。由于我在洞口后边放了许多食物，因此它没用多久就找到了，并且我还用心地时时更换。它生来没胆，有点动静便立即打算缩回去，因此它步子很慢、不洒脱。它用头盔划拉、翻寻、用前爪拖拽，非常小的一块食物便搞到了；但被拖散开来，搞成了碎末。蟋蟀将食物倒退地拖着，在地面上消失。没到两分钟，它再次爬到地面上。它依然十分小心地，用张开的触角试探周边，之后才越出大门。

　　爬到与它相差两三寸远的粪堆那儿，对它来讲乃是一件不得了的大事了。它宁愿食物刚好在它洞宅门边，形成它住宅的屋顶。如此它就不用出门，以免担惊受怕的。但我却另有计划。为了观察起见，我将食物放到门口，但距洞口不是很远。渐渐地，胆小的蝼蛄安心了，来到露天里，走到我的跟前，可我依旧尽最大努力不被它知道。它又可以一次又一次地重复运送食物了，可它搬走的一直是一些没有形状的杂块、杂屑，如同是用小镊子夹住的一般。

词语在线

镊子：拔除毛或夹取细小东西的用具，一般用金属制成。

我对它储藏食物的方式有所了解，因此任凭它自己一直这样干了近一夜。天亮的时候，地面上什么也没了，蝼蛄再也没出来。仅一夜时间，很多的宝藏就堆积起来了。我们首先等上一会儿，让它有空余的时间将自己的成果如它所愿地存放好。在这个周末以前，我不停地在笼子中翻挖，将我先前看到的它存放食粮的那个洞挖开。

就像在郊外的洞中一般，那是个屋顶不平坦的宽敞的大厅。屋顶低矮，可地面基本上是平的。在大厅一个角落，有一个圆洞展开着，那是门，通往一条地道，向上伸到地面。在这块新土上挖好的住宅四周都被细心地压得紧实，我翻挖时即使有震动，也不会塌陷。由此看来，蝼蛄施展了所有的本领，用尽了所有挖掘工的力气，打造出了牢固耐用的住所。要是说那个仅是为了在里面喂饱肚子的陋屋是匆忙挖好的，不但没有样貌并且不牢固的话，那么现在的这所屋子就是宽敞宏大的地宫了。我猜测是雌雄蜣螂齐心协力做好了这项大工程。最少，我时常看见一对蜣螂待在用作产卵的洞里——这宽大华丽的屋子之前肯定是婚礼的礼堂。婚礼便是在这个大拱顶下进行的，而新郎肯定帮忙建了这座礼堂，用这样的方式来表明自己那不同凡响的爱情。我还幻想新郎也帮新娘搜集和储存食粮。在我眼里，新郎是那样健壮，一趟趟地将粮食运达地宫。两人团结一致，这份精细的活很快就会完工。可是，只要屋内存粮已饱和，新郎就会回到地面，去别的地方安家立命，让蜣螂妈妈独立去完成妈妈的任务。雄蜣螂在这个家里的作用也就结束了。

在这个有如此多的小粒粮食的地宫中能发现什么呢？一大堆杂乱无章的散乱颗粒吗？不是。我在那里发现的是一整块的大面包，占据了一个屋子，仅在周围留有一条能容蜣螂妈妈往来行走的窄小的通道。这块庞大的蛋糕无固定的形状，我看见过蛋形的，形状与大小像火鸡蛋；我也看见过扁平椭圆状的，形状像一个平凡的洋葱头；我还看到过基本上浑圆的，就像荷兰奶酪一样；我先前也看到过朝上的一面圆圆的，稍稍鼓起，就如普罗旺斯的乡下面包，或更像复活节时食用的蒙古包状的烤饼。不论是什么形状的，表面都是那么滑溜，曲线也

词语在线

复活节：基督教纪念耶稣复活的节日，是每年春分月圆之后的第一个星期日。

103

相当柔和。这样一来我懂得了：蟑螂妈妈将前后搬运到洞里的不计其数的乱碎食物规整起来，搓成一团；之后，它将这一整块食物揉拌在一起，挤压成为颗粒均衡的食物。我数次看见这位女面包师站在那大面包上。与之相比，圣甲虫弄的那个小粪球真的是苍蝇见老鹰了。在这个偶尔有一厘米宽的粪球凸面上，西班牙蟑螂迈着步，轻轻地敲打这个大面包，让它更加瓷实、均衡。我只能偷偷地瞥（piē）上一眼这风趣的一幕，一看到有人，女面包师就沿着弯弯的斜坡下滑，躲在面包底下。

为了进一步观察，就不得不搞点花样。这不是很难。或许是由于我和圣甲虫长时间交往使我的研究方式更加灵活多样了，或许是西班牙蟑螂心不是很细，更能容忍窄小囚室的憋屈，因此我能无一丝阻碍、为所欲为地观看筑巢每个环节的状况。我运用了两种方式，每个方法都可以告知我某些不一样的东西。

在笼子里有了几个雌蟑螂做好的大面包以后，我就把蟑螂妈妈和这几个大面包一块弄出来，放到我的实验室里去。容器分两种，依我的意思让它们忽明忽暗。假如我想容器里有光亮，我便用大口玻璃瓶，直径基本上与蟑螂洞一样大小——也就差不多十二厘米——每个瓶子底下铺了一层薄薄的新沙子，薄得蟑螂不能钻入，但足够让它不停地在玻璃上来回滑动，以让它认为这是与刚刚搬离的地方相同的沙地。之后，我将螳螂妈妈和它的大面包一块放到这层沙子上。

不用说，即使在非常微弱的光线下，螳螂因惊吓也不可能做出什么来。它需要全无亮光，因此我就用一个硬纸板盒将大口瓶给罩上了。我只需非常小心地微微掀开一点儿这个硬纸板盒，就能够在我认为适合的日子随时借用室内的微光，偷看雌螳螂正做什么，以至于能观看好长一段日子。大家都看见了，这种方法比我那时想观看圣甲虫创造梨形粪球时所用到的方法简单很多。西班牙螳螂性格温和一些，适合运用这类方法，假如用到圣甲虫身上也许就不行了。于是，我在实验室的大桌子上摆了一种能明能暗的容器。谁要是看见这一打瓶子，也许会误认为灰纸盒套底下盖着的是异国他乡的珍贵的食品调料哩。

假如想要一点也不透光，我便在花盆里面放上新沙子。花盆底下形成一个窝，用硬纸板建个屋顶，遮住上面的沙子，螳螂妈妈与它的大面包被放到窝里。或者干脆我就将它和它的大面包放到沙子上面。它能自己挖洞做窝将面包藏在里面，和平常一样。无论运用哪类方法，都需用一块玻璃片遮住，以免让它逃脱。<u>我盼望着这些</u>

作者在此设置了一个问题，不透亮的容器到底澄清了什么问题呢？这种设置问题的方法激起了读者的好奇心，也为后文埋下了一个伏笔，字数虽然不多，但作用很大。

不一样的、不透亮的容器能为我澄清一个难办的问题，这个问题我之后会说明白的。

这些用不透亮的纸盖住的大口瓶能告诉我们点儿什么呢？它能告诉我们很多有意思的东西。它们使我们明白，这个大面包即使形状变化多端，可它一直是规则的，它的曲线并不是因滚动形成的。我们在检查自然洞穴时已十分明白，这个基本上占完了整个屋子的圆球，是压根儿不能滚动的。再说，蜣螂也无这样大的力气去推动如此大的一个粪球。

每次查看大口瓶都可以得出相同的结论。我看到蜣螂妈妈站在面包上，左敲右拍抹平突出的地方，把粪球规整得十分完美。

我还从来没看到过它尝试着把那个大个子翻过来。这就非常明了了：圆面包并不是滚动而形成的。

蜣螂妈妈的勤劳细心使我想起我之前从没想到的一个问题：制作时间如此之久，为何要对这块大东西翻来覆去地一补二修？为何在吃它以前要等候那么久的时间？我可以肯定，要经历一个礼拜或许更久的时间以后，蜣螂将面包打磨光鲜以后，才决定享用它。

当把面团和好拌匀以后，面包师便把面团放到和面槽的某个角落里。面包团的体积越大，面包发酵的温度

词语在线

发酵：复杂的有机化合物在微生物的作用下分解成比较简单的物质。发面、酿酒等都是发酵的应用。

会调整得更好。蜣螂深谙面包制作这一秘诀。它将搜集到的食物放在一起,细心揉搓,做成粗样,之后再让食物有时间去完成内部发酵,让粪团味儿更美,并让其有相对的硬度,以便于今后的加工。这道程序还没做好之前,面包师和同伴需要等候一段时间。对蜣螂来讲,这段时间很久,起码得一个礼拜。

发酵好了,雌蜣螂把大面团分为小面团,它用头盔上的大刀和前爪上的锯齿切成一个圆槽口,并切下一小块体积合适的面团来。这个切割动作干净利索,一刀见形,不用修补,绝对符合要求。

名师点评

雌蜣螂动作干净利索,作者写得惟妙惟肖。

接着,就得加工这个小面团了。只见蜣螂用它那并不适合做这种工作的短小的爪子尽可能抱住小面团,使用其仅能够使用的压挤方式将小面团挤压。它十分仔细执着地在还没成型的粪球上走动着,有模有样地四处挤压,之后又一直用心、仔细地加以装饰。这样足足进行了一天一夜,凹凸不平的粪团就变成了梨子般大小的完美的球形面包了。在其拥挤狭窄的车间的一角,矮胖的艺术家几乎待在原地一动不动地完成了自己的杰作,并且也没挪动过那个面团一次。通过耐心细致地长时间工作后,它最终制作成了那个非常浑圆的球形,然而这是它用那笨拙的工具和在狭窄的空间里做成的看起来不可能完成的事。

它还得花费较长的时间去完善、抹平那个球形。它用爪子柔情地翻来覆去地涂抹，直至把所有突出部位都给抹掉为止。它那小心翼翼地涂抹似乎没有止境。然而，临近第二天的傍晚，它认为这个圆球已经可以了。蜣螂妈妈爬上它的建筑物的圆顶，一直在挤压，在其上面压出一个不太深的小穴来。它将卵产在穴内。

而后，它使用非常粗糙的工具，以极大的谨慎和惊人的细致促使火山口聚拢起来，建成一个拱顶，铺在卵的上部。蜣螂妈妈轻轻地转动，将粪料一点儿一点儿地耙拢，推往高处，封上顶部，这是整个工序中最棘手的工作。稍微压重或者扒拉得不到位，都会危及天花板下的薄薄的虫卵。封顶的工作常常要停一停。蜣螂妈妈低下头，动也不动地屏息倾听，看看洞内有什么不寻常之处。看来没有问题，接着，耐心的"女工"又开始忙碌起来：从两侧一点点朝屋顶耙粪料，屋顶渐渐变尖、变长。一个顶端很小的蛋形就这样取代了球形。在或多或少有点儿凹凸的蛋形下面就是虫卵的孵化室。这类细致的活计还得花上整整一天的时间。先加工粪球，在粪球上面挖出个小穴，把卵产在穴里，将穴封顶，盖住虫卵，这些工序总共需要两天两夜，有时还会更长一些。

名师点评

这段描写体现了蜣螂妈妈对孩子的关切，她不敢出错，生怕对孩子有什么影响。这是多么伟大的母爱，也象征着人类世界中的母爱。

蜣螂妈妈又回到了那个切去一块的大面包旁边。它再一次切下一小块，用同样的操作法将它变成一个蛋形粪球，在另一个穴产下卵。剩下的粪球面包还可以做第三个，甚至还常常可以做第四个蛋形粪球。蜣螂妈妈在洞穴里只堆积了一个粪料堆，依我之见，最多是可以做四个蛋形粪球的。

产下卵后，蜣螂妈妈就会待在自己的那个小窝里，里面差不多满满地堆放着三四个摇篮，一个紧贴着一个，尖的一头朝上。现在它要做什么呢？估计是想要出去转转。这么久没吃东西得恢复一下体力了吧？谁要有这种想法就大错特错了。它依旧停留在窝里，自从它进入洞里，它就没吃过东西，就连碰也没碰过那个大面包。大面包已经被分切成几等份，那是子女们的粮食。在疼爱子女上，西班牙蜣螂控制自己的精神实在让人感动，宁愿自己挨饿也绝不会让子女少吃短喝。它如此这般忍受饥饿还有第二个原因：守卫在摇篮边上。从六月底起，地洞就很难弄成了，因为雷雨大风和行人的踩踏，洞全都没有了。我所见到的几个洞穴里，蜣螂妈妈经常在一堆粪球边上打盹儿，每个粪球里都有一条已完全发育的胖嘟嘟的幼虫在大吃大喝。我使用那些装满新沙子的花盆做的不透亮的容器里的情况，证实了我在田野上所碰到的情形。

蟋螂妈妈们在五月上旬和食物一起被埋进沙里，它们就再也没有在玻璃罩下的地面上出现过。产卵之后，它们就在洞中隐居了。它们和它们的那些粪球一起度过闷热的伏天。

情况是这样的：我将大口玻璃瓶盖子揭开时所看到的是它们在守护着那些摇篮。

直至九月前几场秋雨过后，它们方才爬出来。而此时新一代已经成形了。蟋螂妈妈在地下非常高兴地看到子女们长大了，这在昆虫界是极其罕见的<u>天伦之乐</u>。它听到自己的孩子们摩擦着茧子想要破茧而出，它看到它如此精心加工的保险箱被打破。倘若地面的湿气没能令穴室变得软一些的话，它会走上前去帮自己那些筋疲力尽想出来却无能为力的孩子们。然后，妈妈和它的孩子们一起离开地洞，上来享受美丽的秋天。这季节，太阳暖暖的，路上的美食到处都是。

词语在线

天伦之乐：指家庭中亲人团聚的快乐。

品读赏析

文章不仅描写了西班牙蟋螂的进食过程，还重点介绍了西班牙蟋螂的育幼过程。作者用生动形象的语言将雌性西班牙蟋螂从给幼虫搜集食物到幼虫孵化出来，其间不吃不喝、每日辛勤地劳动的整个过程，描写得极其细致，再一次以物喻人，诠释了母爱之伟大，也彰显了西班牙蟋螂不屈不挠的精神。

不同凡响　团结一致　翻来覆去　天伦之乐

·成虫给幼虫准备了柔软、合适的食物，这真是出于对子女的关爱吗？

·西班牙蜣螂身材矮胖，蜷成一团，行动迟缓。蜣螂的爪子很短，稍微有些风吹草动，它就会把爪子缩回肚腹下端，与粪球制作工们的长腿简直没法比。

·蜣螂妈妈的勤劳细心使我想起我之前从没想到的一个问题：制作时间如此之久，为何要对这块大东西翻来覆去地一补二修？

·现在它要做什么呢？估计是想要出去转转。这么久没吃东西得恢复一下体力了吧？谁要有这种想法就大错特错了。

·妈妈和它的孩子们一起离开地洞，上来享受美丽的秋天。这季节，太阳暖暖的，路上的美食到处都是。

思考练习

1.在为孩子准备食物时，雄蜣螂会出力吗？

2.对于储备在家中的食物，雌蜣螂会吃吗？

3.为何说蜣螂妈妈享受了昆虫界极其罕见的天伦之乐？

隧蜂

　　本篇的主人公是隧蜂，是一种非常勤劳、习性奇特的昆虫，与它密切相关的是一种作者叫不上名字的小飞虫。隧蜂有什么奇特的习性？这两种昆虫之间有哪些纠葛呢？这些疑问我们能在下文中得到答案，请认真阅读。

　　你了解隧蜂吗？大概是不了解的。但是没关系，这并不影响你品尝人生的甜蜜。但是，假如你有兴趣去了解一下，那么这一类不显眼的昆虫会让你见识到许多奇闻怪事；并且，若是你想加深对这个纷繁复杂的世界的了解程度，也不妨跟隧蜂打个交道，对此请不要不屑一顾。如果拥有空闲时间的话，就请熟悉熟悉它们吧，你必定能够从中得到不小的收获。

　　如何来识别它们呢？它们是一些酿蜜工匠，体形一般比较纤细，相比我们蜂箱中所养的蜜蜂，更加修长。它们成群结队地生活在一块儿，身材以及体色又各不相同。有的比一般的胡蜂个头儿要大些，有的和家养的蜜蜂大小相同，有的还要更小一些。种类如此繁多，会使无经验的人束手无策，但它们有一个特征是永远无法改变的：任何隧蜂都清晰可辨地烙有本品种的印记。

你瞧瞧隧蜂肚腹背面腹尖上那最后一道腹环。它上面存在一道光滑明亮的细沟。在隧蜂处于防卫状态时，细沟便会忽上忽下地滑动。这条似出鞘兵器的滑动槽沟便可以表明它是隧蜂家族的成员之一，你无须再去辨别它的体形、体色。在针管昆虫类中，其他任何蜂类都没有这种新颖独特的滑动槽沟。这便是隧蜂最明显的标记，就像隧蜂家族的族徽一样。

名师点评
这段话运用对比、比喻等修辞手法，让人们了解到隧蜂那独特而明显的印记——滑动槽沟。

四月的时候，隧蜂小心翼翼地开始施工了，若非一些新的小土包，外部是一点儿也看不出的。外面工地上没有任何动静。工匠们很少跑到地面上，因为它们在地下非常忙碌地工作着。不时会有一个小土包的顶端晃动起来，随即就顺着圆锥体的坡面滑落下去，这是某个工匠造成的，它将清理的杂物抱出来往土包上推，不过它自己并没有露出地面。眼下，隧蜂仅仅忙于这件事。

带着阳光以及鲜花的五月到来了，四月里的挖土工眼下变成了采花工。无论什么时候，我都能够看见它们待在开了天窗的小土包顶上，每个身上均沾满了黄花粉。个头最大的是斑纹蜂，我常常看见它们在我家花园小径上筑巢造窝。

让我们仔细地观察一下斑纹蜂。每当它们储藏食物的时候，总会冷不丁地出现一位不速之客。它将让我们亲眼看见什么是强取豪夺。

五月里，上午十点钟左右，在隧蜂储备粮食的工作干得正欢时，我每天都会去察看一番我那人口稠密的昆虫小镇。太阳底下，我坐在一把矮小的椅子上，猫着腰，两臂支膝，不动声色地观看着，直至吃午饭才离开。吸引我注意的是一个吃白食者，是一种喊不上名字的小飞虫，不过却是隧蜂的凶狠暴君。

这歹徒会有姓名吗？我想肯定是有的，只是我不想浪费时间去查询此种对于读者来说并没有什么意义的事情。与其花费时间去弄清枯燥的昆虫分类辞典上的解释，倒不如将清楚明白的事实提供给读者为好。我只想简单描绘一下这个罪犯的体貌特征：这是一种长约五毫米的双翅目昆虫，面色净白，眼睛深红，胸廓深灰色，上面有五行细小的黑点，黑点上长有后倾的纤毛，腹部为浅灰色，肚下苍白，爪子为黑色。

在我所看到的隧蜂群中，这种飞虫的数量非常多。它经常蜷缩在一个地穴附近的阳光下静候。只要隧蜂满载而归，爪上沾满黄色花粉，它就会冲上前去尾随着隧蜂，前后左右地飞来绕去，紧追不放。最终，隧蜂忽然钻入自家洞中，这双翅目食客随即迅速落在洞穴入口附近。它头朝着洞门，纹丝不动地静候着隧蜂干完自己的活计。隧蜂最终露面了，头以及胸廓探出洞穴，在自家门前犹豫片刻，那吃白食者依旧纹丝不动。

它们经常是不动声色地面对着面，相隔不到一指宽。隧蜂并未戒备伺机偷食的食客，至少我们从它平静的外表上无法看出来。而食客也丝毫不担心自己的妄行会惹来惩罚，面对一根指头就能将它压扁的隧蜂，这个"侏儒"却纹丝不动。

我原想看见双方有哪一方显出害怕来，但未能如我所想。毫无迹象表明隧蜂已知晓自己家中有遭遇打劫的可能，而食客也没表现出丝毫会遭遇残酷处罚的顾虑。打劫者同受害者彼此仅是对视了一会儿罢了。

体形庞大且宽厚仁慈的隧蜂只要自己愿意，就能够用它的利爪将这个毁它家园的小抢匪开膛，能够以大颚压碎它，用螯针扎通它，但隧蜂根本就不以为然，任那个小抢匪虎视眈眈地盯住自家的宅门。隧蜂为何要表现

出这种看起来愚昧的大度呢?

隧蜂飞走了。小飞虫马上大摇大摆地飞入洞中。现在,它能够任意地在储备室里挑选了,因为储备室都敞开着;它甚至还趁机打造了自个儿的产卵室。在隧蜂爪子上沾足花粉,胃囊中饱含糖汁回来以前,没有人会干扰它。隧蜂干完这些事需花费很长时间,而擅闯民宅者要做坏事也要有足够的时间。但是罪犯的计时器十分精准,可以精准地计算出隧蜂在外的时间。当隧蜂从野外回来时,小飞虫早就溜之大吉了。它停在距洞穴不远的地方,占领一个有利位置,等待再次打劫的时机。

如果小飞虫正在打劫时,被隧蜂忽然撞到,会发生怎样的情况呢? 我看到一些胆大的小飞虫跟着隧蜂钻到洞内,并停留了一段时间,而隧蜂则在忙着调制花粉与蜜糖。当隧蜂掺兑甜面团时,小飞虫还不能享用,因此它就飞离洞穴,等候在洞边。小飞虫回到洞穴外,并不害怕,步伐稳定,这显然证明它在隧蜂的洞穴深处并未碰到什么棘手的事。假如小飞虫急不可耐,绕着糕点一直在转,那它后颈上肯定会挨上一巴掌,这是不耐烦的糕点主人会有的动作,但也就这样罢了。侵略与被偷者之间并没有发生过厉害的碰撞。这一点,从"侏儒"步伐平稳、安然自若地飞出的模样上就能看得出。

词语在线

棘手:形容事情难办,像荆棘一样刺手。

每当隧蜂回到家中时，它总要迟疑一会儿，快速地靠着地面前前后后地飞上几圈。它的这种无秩序飞行让我最先想到的是，它在尝试以一种杂乱的轨道迷惑偷窃者。它的确有这么做的必要，但它好像并没有那样的高智商。其实，它所害怕的并不是敌人，而是在为寻找自家宅门发愁，因为周围相似的小土包一个接一个，再加上天天都有新的杂物清除出来，小镇的外貌日新月异，这很容易混淆它的视线。

它的踌躇十分明显，因为它时常摸错门，闯进别人家中。但一看到门口的细小差别，它马上就会知晓自己走错了门。于是，它再次努力地开始探查，有时飞得远一点儿。最终摸到自家宅门，它开心地钻了进去。可是，无论它钻得有多快，小飞虫还是待在它的宅门周边，脸朝着其门口，等候隧蜂飞出来后好进去偷蜜。

当屋主再次出门时，小飞虫则稍微退后一点儿，刚好留出一条让对方通过的通道，仅此而已。它为何要多腾出地方呢？这样二者遇到是相安无事的！所以，要是不晓得一些其他状况的话，你不可能想到这是窃贼与屋主的狭路相遇。

小飞虫对隧蜂的忽然出现并没有一丝惊慌，它仅是多加留意罢了。同样，隧蜂也没在乎这个打劫它的盗贼，除非后者跟它死缠烂打。这时，隧蜂一个急转身就飞远了。而此时，吃白食者处于进退两难的地步。隧蜂带回的甜汁在其嗉囊中，花粉附于爪钳里，它不能吃到甜汁，粉末状的花粉还没定型，入不了口。再说，这少许花粉还不足以塞牙缝。另外，为了<u>集腋成裘</u>，做成圆面包，隧蜂要数次外出采集花粉。必需的材料采集齐备之后，隧蜂就用大颚尖掺和搅拌，再用爪子把和好的面团做成小丸。假如小飞虫在制作小丸的材料上产卵，那通过这一番揉搓，就彻底完了。可见，小飞虫的卵是产在制好的面包上的。由于面包是在地下做好的，小飞虫就不得不进入隧蜂的洞宅之中。小飞虫胆大包天，果然钻了进去，就连隧蜂身在洞中也完全不知。而隧蜂要不就是胆小怕事，要不就是愚昧地宽容，居然让窃贼随心所欲。

　　小飞虫用心窥探、擅闯民宅的目的并不是想害人利己、不劳而获。它自己就能够不费吹灰之力地在花朵上寻到吃的，这比它暗自去偷抢容易得多。我在想，它跑到隧蜂洞中只是想尝尝食品，了解一下食物的质量罢了。它远大的、唯一的要事就是建造自己的家庭。它盗取财富并不是为了自己，而是为了下一代。

　　我们把花粉面包挖出来瞅瞅，会发觉这些花粉面包时常被破坏成碎末状，在储备室地上的黄色粉末里，我

📝 **词语在线**

集腋成裘：狐狸腋下的皮毛虽然很小，但是聚集起来就能缝成一件皮袍。比喻积少成多。

们会看到蠕动着的两三条尖嘴蛆虫。那是双翅目昆虫的下一代。偶尔与蛆虫在一块儿的还有真正的主人——隧蜂的孩子，但它却因吃不好而羸弱不堪。蛆虫虽然不欺负隧蜂幼虫，但却抢吃了后者最佳的食物。隧蜂幼虫食物不够吃，身体每况愈下，很快就可怜巴巴地倒下了。尸体也变为了微小颗粒，与剩余的食物交织在一起，变为蛆虫的口中之食。

名师点评

读到这里我们才知道，隧蜂的软弱造成的后果不只是食物被偷那么简单，它们的孩子也会被侵略者害死。

然而，隧蜂妈妈在幼虫遇难之时都做了些什么呢？它随时能够看着自己的宝穴，一旦探头入洞，就可清晰地知道孩子们的惨状。蛆虫在被糟践一地的面包里钻来钻去，稍稍一看就知道究竟发生了什么事。假若这样，它非把这些窃贼子孙弄个穿肠破肚不可！用大颚将它们咬碎，扔到洞外都是举手之劳的事。可是愚昧的妈妈居然没有想到这样做，反而任凭鸠占鹊巢者无法无天。

隧蜂妈妈之后干的事更是愚昧。成蛹期到来以后，隧蜂妈妈居然把被抢劫一空的储备室像封堵其他各室一般用泥盖堵得严严实实。这最后的壁垒对于正在变形期的隧蜂幼虫来说是最好的防护方法，可当小飞虫光临以后，它这样一堵，可谓荒唐之至。隧蜂妈妈却乐不知疲地开展着它的可笑之作，这完全是本能所导致，它居然还将这个空房弄上封条。我之所以说是空房，是因为狡猾的蛆虫吃完了全部食物之后，马上抽身逃走了，好像预见到今后会碰到一道不能翻越的屏障一样。在隧蜂妈妈封门之前，它们就已逃离了储备室。

吃白食者既小心翼翼，又阴险狡猾。全部的蛆虫都会放弃那些黏土小屋，毕竟这些小屋如果堵上，它们就会葬身其中。黏土小屋的内壁有波状防水涂层，以防回潮，小飞虫幼虫的表皮十分娇弱敏感，似乎应该对这种美好的容身之地倍感舒爽，但是它们却并不喜爱。它们害怕如果变为小飞虫，便会被囚在其中，因此马上抽身，在小屋周边散开。

名师点评

比起愚昧至极的隧蜂成虫，连小飞虫幼虫都如此狡猾，真是让人感叹。

我挖到的小飞虫的确都在小屋外面，小屋里面从没出现过它们的踪影。我发觉它们一个个都挤在黏土里一个狭小的窝里，那是它们还是蛆虫时移居到这里的。第二年春季出土期来临时，成虫只要从碎土中挤出来就可以来到地面了，这一点非常容易。

吃白食者搬到别处还有另外一个非常重要的原因。七月，隧蜂要开始第二次生育，而双翅目的小飞虫却仅生育一次，其下一代此刻还处在蛹的状态，只等来年变成成虫。采蜜的隧蜂妈妈又开始在家乡小镇忙于采蜜，它直接用了春季建筑的竖井和小屋，这能很好地节约时间！细心建筑的竖井、房屋全部完好如初，只要稍作修缮，

词语在线

修缮：修理（建筑物）。

便能使用。

假如天性爱干净的隧蜂在打扫房屋时发现一只虫蛹会如何呢？它会将这个碍事的东西当作建筑废料给解决掉。它会把这东西用大颚夹起，把它夹碎，运到洞外，扔到废物堆里。蛹被抛到洞外，任风吹雨打，必死无疑。

我很敬仰蛆虫的高远目光，不为一时之快，而追求长远的安然无恙（yàng）。那时有两个危险在威胁着它：一是被堵死在牢中，纵使变成飞蝇，也很难飞出洞去；二是在隧蜂修缮宅子时把它连同垃圾一起扔到洞外，丢尸荒野。为了避免这两个危险，在屋门封堵前，在七月里隧蜂清扫洞宅前，它便逃离险境。

我们现在来瞧一瞧吃白食者最后的情况。在整月里，当隧蜂清闲的时候，我对我那居民众多的昆虫小镇进行了全面的搜查，一共有五十多个洞穴。地下发生的惨案没有一件逃离我的眼睛。我们总共四个人，以手当筛，将挖出的土从手指缝中轻轻地筛下去依次检查。检查的结果让人心酸，我们竟没有发现一只隧蜂的虫蛹。这聚集着隧蜂的街区，居民全都被双翅目昆虫取代了。后者为蛹状，多得难以数计，我将它们收集起来，便于观察它们的进化过程。

昆虫的生活季节结束了，原来的蛆虫已经在壳内缩小、变硬，但那些棕红色的圆筒却依旧静止不动，它们是一些拥有潜在生命力的种子。七月里似火的骄阳也无法将它们从沉睡中唤醒。在这个隧蜂第二代出生的月份里，宛若上帝颁发了一道休战圣谕：吃白食者停工休整，隧蜂和平劳动。如果敌对行动继续进行，夏天和春天时同样大开杀戒，那么深受其害的隧蜂或许就要绝种了。就是第二代隧蜂的孕育，才让生态平衡得以保持下去。

四月，当斑纹隧蜂在围墙内的小径上翩翩飞舞寻求理想的挖洞建巢的地点时，吃白食者也在忙碌着化蛹成虫。呀！迫害者和受迫害者的日历竟是如此的一致，多么让人难以置信啊！隧蜂开始建巢的时候，小飞虫早已准备就绪：其以饥饿法消灭对方的伎俩又重新上演了。

倘若这只是个别现象，我们大可不注意它，因为多一只隧蜂、少一只隧蜂对生态平衡产生的影响并不大。然而事实并不是这样！用各种各样的方式进行杀戮掠夺，已经在芸芸众生中横行无度了。自低级到高级的生物界中，凡是生产者都遭受到了非生产者的剥削。人类以其特殊地位本应该超然于这些灾难之外，但却成了弱肉强食这一残忍表现的最好诠释者。人们心中在想："做生意就是弄别人的钱。"就像小飞虫心里所想："工作就是弄隧蜂的蜜。"为了更好地掠夺，人类创造了战争这

名师点评

　　大自然的规律就是这么奇妙，隧蜂完全没有能力保护自己的幼虫，大自然就让小飞虫在隧蜂第二次生育时"休战"，以免除该物种灭绝的风险。

类大规模屠杀，以及绞刑这种小型屠杀的艺术。

人们每个周末在村中的小教堂里唱诵的那个崇高梦想："光荣属于至高无上的上帝，和平属于凡世人间的善良百姓！"我们永远也不会奢望它能实现。假若战争关系到的只是人类本身，那么将来那些信条也许还会为我们保存和平，因为那些慷慨大度的人都在致力于和平。然而，这灾祸在动物界也非常普遍，动物是冥顽不灵的，它是永远也不会和你讲道理的。既然这种灾难是普遍现象，那或许就是无法治愈的绝症了。未来的生活令人不寒而栗，它将和现在的生活一样，是一场永无休止的厮杀。

于是，人们挖空心思，幻想出一个巨人：他能将各个星球玩弄于股掌之中，他是无坚不摧的力量的代表，同时他也是正义和权力的化身；他知道我们在放火，在杀人抢掠，野蛮人在取得胜利；他知道我们持有炸药、炮弹、鱼雷艇、装甲车等不同种类的高级杀人武器；他还知道包括平民百姓在内的因贪婪而引起的可怕战争。那样的话，这个正义者，这个强有力的巨人，假若他用拇指按住地球的话，他会犹豫着不将地球捏碎吗？

他不会把地球捏碎，但他会让一切顺其自然地发展下去。他或许在想："远古的信仰不是没有道理的，地球就像一颗生了虫的核桃，邪恶的蛆虫正在疯狂啃咬着它。野蛮已经初现雏形，在朝着宽容的命运发展时，必定要经过无数的艰难时期。还是顺其自然吧，毕竟秩序和正义总是被排在最末的位置。"

品读赏析

　　本文讲述的是隧蜂与掠夺者的故事，隧蜂幼虫的食物时常会遭到掠夺，但是大自然却给了隧蜂第二次繁殖的机会，使这个种族生生不息。作者利用两者的关系诠释了自己对人性与社会的感悟，他认为掠夺、战争在人类社会中是不可避免的，不过依然坚信正义虽然被排在末位，但是终将到来。

写作积累 XIEZUO JILEI

　　束手无策　满载而归　虎视眈眈　集腋成裘　鸠占鹊巢
芸芸众生

　　·体形庞大且宽厚仁慈的隧蜂只要自己愿意，就能够用它的利爪将这个毁它家园的小抢匪开膛，能够以大颚压碎它，用螯针扎通它，但隧蜂根本就不以为然，任那个小抢匪虎视眈眈地盯住自家的宅门。

　　·倘若这只是个别现象，我们大可不注意它，因为多一只隧蜂、少一只隧蜂对生态平衡产生的影响并不大。然而事实并不是这样！用各种各样的方式进行杀戮掠夺，已经在芸芸众生中横行无度了。

·人们心中在想："做生意就是弄别人的钱。"就像小飞虫心里所想："工作就是弄隧蜂的蜜。"为了更好地掠夺，人类创造了战争这类大规模屠杀，以及绞刑这种小型屠杀的艺术。

·然而，这灾祸在动物界也非常普遍，动物是冥顽不灵的，它是永远也不会和你讲道理的。既然这种灾难是普遍现象，那或许就是无法治愈的绝症了。未来的生活令人不寒而栗，它将和现在的生活一样，是一场永无休止的厮杀。

·远古的信仰不是没有道理的，地球就像一颗生了虫的核桃，邪恶的蛀虫正在疯狂啃咬着它。野蛮已经初现雏形，在朝着宽容的命运发展时，必定要经过无数的艰难时期。还是顺其自然吧，毕竟秩序和正义总是被排在最末的位置。

思考练习

1.小飞虫闯入隧蜂洞穴的主要目的是什么？

2.隧蜂的第一代孩子能活下来吗？什么时候繁殖第二代孩子？

3.如何理解"毕竟秩序和正义总是被排在最末的位置"这句话？

朗格多克蝎

名师导读

　　朗格多克蝎是一种非常独特的蝎子，最奇特的则是朗格多克蝎的"婚礼"风俗。那么，朗格多克蝎的"婚礼"有哪些奇特的风俗呢？请认真阅读本章。

　　朗格多克蝎一直都默默无闻，由于其天性，它们总是带有一种神秘的色彩。这种蝎子的历史几乎是空白的，仅有的资料都是通过解剖得到的。科学大师们的解剖刀给人们展示了它的组织结构，但是据我所知，至今尚无人研究他们的隐秘习性。人们对酒精泡过后被开膛的朗格多克蝎并不陌生，却鲜有人知它的习性。然而在节肢动物中，没有任何一种研究能比得过蝎子。一直以来，蝎子都在激发着人们的想象力，以至于在黄道十二宫中占据一席之地。卢克莱修曾经说过："恐惧造就圣明。"

📝 **词语在线**

　　一席之地：指一定的位置。

正是出于人们的恐惧，蝎子也被神化了，成为天上的一个星座，并且成为历书上十月的象征。现在，我就尝试着让朗格多克蝎描述自己的故事。

我先简单介绍一下它们的体貌特征。一般的黑蝎在南欧很多地方都有，大家也都并不陌生。黑蝎常常出没于我们住处周围的阴暗角落，到了阴天下雨的秋日它就会钻入我们家中，有时候还会钻入我们的被子里。不过，这让人讨厌的动物给我们带来的往往是恐惧，而不是伤害。虽然我现在的住宅中也有很多黑蝎，但我并未受到意外伤害。关于蝎子的恶名有点言过其实，它不过是招人讨厌，而非危险。

朗格多克蝎生活于地中海沿岸各省，人们因对它知之甚少而感到害怕。它们并不骚扰我们的住处，总是躲得远远的，藏在荒僻地区。和黑蝎相比，朗格多克蝎称得上巨人，它发育完全的时候，身长有八九厘米。它的身体颜色呈现出干稻草的金黄色。

朗格多克蝎的尾巴，事实上是它的腹部，为五节相连的棱柱体，状如酒桶，又如一串珍珠。这样的纹络还呈现在那举着大钳的大小臂膀上，它们使臂膀分割成一些条形。这样的纹络还弯弯曲曲地分布在脊背上，如同护胸甲结合部的滚边，并且是轧（yà）花滚边。这些凸出的小颗粒使盔甲野性十足、坚固异常，并成了朗格多克蝎的标志。这样的体貌，就好像它是用锋利的刀削砍拼接出来的一样。

蝎尾部最后一节——第六节，表面上光滑，为泡状，是制作并存放毒汁的小葫芦。毒液表面如水，却有很强的毒性。蝎尾末端是一个弯弯的螯（áo）针，色暗、尖锐。针尖不远处有个细小的孔，只有用放大镜方能隐约看见，毒汁就是从这细孔流出来，渗入被尖头刺破的伤口的。螯针不仅硬还尖，我用指头捏住，扎一张硬纸片，它就像缝衣针扎衣服一样容易。

螯针弯曲度非常大，在尾巴平放伸直时，针尖是朝下的。假如想要使用这个兵器，蝎子就必须将它抬起翻转过来，从下往上刺出去，这就是它永久不变的攻击术。常常可以看到，蝎尾反蜷在背部，瞬间伸直，攻击被钳子钳住的对手。此外，蝎子平常几乎总是保持这种姿势，不管是走动还是歇息，尾巴全卷贴在背上，极少将它伸直。

蝎钳长在口部两旁，好像螯虾的大钳子，它们不仅是战斗的武器，也是取得信息的工具。蝎子向前爬时，就会把钳子前伸，钳上的双指伸展着，为的是弄清楚所遇到的东西。假如必须刺杀对手的话，蝎子的双钳就先捉住对方，使对方不能动弹，然后螫针从背部伸出来袭击。最终，当蝎子要长时间咀嚼一块食物时，钳子就可以当作手来使用，将猎物抓送到嘴里。不过，它们从没有被当作行走、固定或挖掘的工具使用过。

蝎子脚的末端宛若是被突然截断的，上面长着一组弯曲灵活的小爪子，爪子对面还竖着一根细且短的爪尖，可以充当类似拇指的作用。在小脸上，长了一圈粗硬的睫毛。所有这些组合成一个绝妙的攀缘器，这就充分说明了蝎子为何能够在钟形罩网纱上爬来爬去。

紧靠蝎脚下面的是像梳子一样的栉（zhì）。这种奇异的器官是蝎子独具的，其名称源于自身的结构：一长排薄片彼此密密实实地拥挤着，就如同梳子齿儿似的。栉被解剖学学者们怀疑成一部齿轮机，目的是为了雌雄蝎子在交配时相互紧密无间地连接在一起。

让我们来看看朗格多克蝎的婚礼故事吧。为了研究蝎子的交配习性，我将十二对朗格多克蝎搁进放着些大块陶片的大笼子里，玻璃壁板装在大笼子上面，那些陶片就是它们的新处所。

四月里，燕子飞，布谷叫，一场革命在一直宁静生

词语在线

栉：梳子、篦子等梳头发的用具。

活的蝎子间发生了。夜里，在我的花园建造的昆虫小镇里，很多的蝎子跑出去进行朝圣了，并且一去不回。最为惊讶的是，我数次看见相同的一块砖头下待有两只蝎子，其中一只正在大快朵颐——对象是倒霉的另一只蝎子。难道这是蝎子界同类互残的谋杀案？是不是大好时节开始了，本性好游的蝎子们有意闯入邻居家里，由于体力不如对方而被对方视为美食，命赴黄泉？也许是这个理由吧，因为闯入者被缓缓地吃了整整一天。

而值得注意的是：被吃掉的，毫无例外的全是个头中等的蝎子。它们体色分外金黄，肚腹略小，经证实是雄蝎，并且被吃的一直是雄性。这样看来，这里所发生的也许并不是邻居之间的打架，也不是由于太热爱独处而对一切来访者恶意报复：这其实是婚俗的规则所导致，就是在交尾以后由女方残忍地将男方吃掉。

再次春暖花开时，我已事前预备好了一个宽大亮堂的玻璃笼子，放了二十五只蝎子，每只蝎子一片瓦。一月到四月中旬，每天夜里七点到九点这段时间，玻璃宫中就闹腾起来。白天如同荒漠，这时却四处欢歌。我们全家吃过晚餐，就都跑向玻璃笼子，将一盏提灯挂到笼子跟前，我们就能看到事件的所有过程了。

名师点评

雄蝎子为了繁衍后代，竟然义无反顾地献出生命，令人赞叹。

　　此时是忙完一天后最好的消遣了，眼下便是一台好戏。在这出由天然演员演出的戏里，它们每个动作都趣味横生。我们全家大小全都在四周坐好了，连爱犬汤姆也过来观看。可是，汤姆对蝎子的事毫无兴趣，慢慢地躺在我们面前打起了盹儿，但是眼睛却始终睁一只、闭一只，看着它的伙伴——我的孩子们。

　　我想给读者讲述一下所发生的事情。在临近玻璃壁板被提灯照到的较暗地方，霎时就聚集起很多蝎子。而四处漂游着的孤单的蝎子，它们也被光招引，远离暗处，奔向明亮的中心处。夜蛾子扑向灯火的场景也没它们那么壮观。后来者混进之前的那群蝎子中去了，一些玩累的退回暗处，休息一会儿后又满怀激情地回到舞台上。

　　这浮躁狂热的场景好比一场盛大的欢乐舞会，非常令人神往。有一些从很远的地方跑来，它们庄重严谨地从黑暗处爬过来，忽然如滑行一样快速而轻松地冲向明亮处的蝎子群，像散布飞行的蝙蝠一般洒脱。它们互相找寻着，可指尖稍稍碰到，好像都被对方烫着了一样赶快跑开。还有一些与同伙微微抱滚在一块儿，又赶快分离。等跑到黑暗处稳一稳神儿，又一次次从头再来。

　　经常会有一阵剧烈的喧哗：它们的爪子互相缠绕，

名师点评

　　作者将蝎子的聚会比喻成盛大的舞会，让那热闹、盛大的场面仿佛出现在读者面前，十分形象生动。

钳子又抓又夹，尾儿你钩我打，谁也搞不明白这是恫吓还是关爱。在嘈杂之中，找到一个适合的视线，就能够发现一对如红宝石一般闪耀的小亮点。你会认为那是闪闪发亮的眼睛，事实上那是两个小棱面，如反光镜一般明亮，长在蝎子的头上。蝎子们无论大小胖瘦全部加入了混战，那仿佛是一场生死之战、一场大屠杀，然而也是一场狂野的嬉闹，就像小猫咪们缠绕在一块儿一般。不一会儿，大家散开来，每一只蝎子都朝自己的方向跑去，丝毫没有受伤。

过一会儿，四面散去的逃跑者们又再次回到灯光前头来。它们爬过来、跑过去，走了又回来，时常是头碰头、脸碰脸的。最着急的会从别人的背上爬过去，不过，后者仅是摇摇屁股以示反对。如今还没到大动干戈的时候，最多只是两人相碰，扇个耳光而已，意思也就是说用尾巴拍打一下罢了。对蝎子来讲，这就是一场平常的拳击比赛。

词语在线

大动干戈：指发动战争。

比这还好看的是，有些偶然一见的拼斗方式尤其新奇别样。小路相遇，脑瓜对着脑瓜，两双钳子分别收回，立起身后，八个呼吸小气囊在胸脯上全部展现。此刻，那两只旗杆一样耸立的尾巴相互摩擦着，来回滑着，钩刺稍稍钩着，同时一回回钩住又放开，放开又钩起。

猛地，友好的动作结束了，两者匆匆离开了，招呼也不打一声。

它们这些动作有什么意图？难道是情敌间的比试？看起来不是，理由是它们并无凶煞地直视彼此。我从之后的观察中明白，这两位是在眉目传情，私订终身。蝎子尾巴倒竖起来是在倾诉自己的浓厚情意。

如果一直像我之前所做，日日观察、日日积累，并把材料汇总在一张总体表格中，这样阐述起来会很快，但是这样一来，那些具有特色又很难融会贯通的细节就被省去了，阐述的乐趣性也因此消失了。因此，在说明这么奇异同时又不为人知的蝎子的习性时，所有的一切都不应当省去不提。最好是借鉴编年法，并将观察到的新消息分段阐述出来，即使这样做有反复麻烦之嫌。这样，每天夜里的那些令人神往的情形都可以提供一种联系，从而从无序现象中理出头绪，对之前的情况做出验证与填补。我现在就在用日志的方式作记录。

一九零四年四月二十五日。——啊！这是怎么了？我从没见过！如此的情况，我真的是第一回目睹。两只蝎子相对将钳子伸出，钳指相夹。这是友谊的握手，而不是厮杀的前奏，因为双方都用最和平友好的态度和对

📝 词语在线

融会贯通：参考并综合多方面的知识或道理而得到全面的透彻的领悟。

方相处。这是一雌一雄两只蝎子。一只是雌蝎，色暗肚大；另一只是雄蝎，瘦小苍白。它俩都将长尾卷成美丽的螺旋花状，步子有模有样地在玻璃墙边踱着。雄蝎在前稳稳当当地倒退着，压根儿不像拖不走对方的架势。雌蝎被捉住爪尖，与雄蝎相对着，信任地跟着走。

它们走走停停，一直手拉着手；它们毫无目的地到处乱走，从围墙的一头儿到另一头儿。看不出它们究竟要去哪里，它们就这样闲逛着，开始暗送秋波地发情。此时此刻，让我想到在我们乡下，每个礼拜天晚祷以后，年轻人一对对地手牵手，肩并肩地沿着篱笆遛弯儿。

两只蝎子时常掉头。雄蝎抉择往什么方向走。雄蝎始终没撒开雌蝎的手，亲密地转个半圆，就与雌蝎肩并肩了。此时，雄蝎张开尾巴微微抚摸雌蝎一会儿，雌蝎则不动声色。

我饶有兴致地观看着这出无休无止的爱情大戏，足足过了一个钟头。在奇特场景面前，家里人用眼睛帮我一块观察，即使天色不早了可是我们却一直保持着高度集中的注意力，不错过一点儿关键情节。

最终，夜里十点钟的时候，雌雄两只蝎子要有结果了。雄蝎爬到一片它认为合适的瓦片上，放开雌蝎的一只手，仅放了一只手，另一只手依旧紧抓着不放；用撒开的一只手扒一扒，用尾巴扫了扫。一个地洞就这样被打好了。雄蝎钻了进去，之后，十分小心、慢手慢脚地把耐心等候着的雌蝎拉到洞内。不一会儿，它们就不见了行踪。一块沙土垫子将洞门封上。这对情侣进了洞房。

扰乱它俩的喜事是愚昧的，我假如想要立刻看见洞内所发生的状况的话，会为时过早，不合时宜。蝎子的耳鬓厮磨，大概要持续个大半夜，而我已年近八旬，熬长夜已让我力不能及。我的腿脚酸痛麻木，两眼涨涩，还是先睡一觉比较好。

一夜里，蝎子占了我的全部梦境。梦里，它们四处乱爬，被窝间、脸上，但是我并不为此担忧，因为我心里始终在思索有关蝎子的让人惊叹的事儿。第二日，天才刚亮，我便去将那块瓦片掀开了。那里，仅有一只孤单单的雌蝎子。雄蝎则毫无消息了，既不在那个洞里待着，也不在周边游荡。这是我的第一个失望，后面的失望也许会如期而来。

五月十日。——晚上七点左右，天上乌云密布，大雨将至。在玻璃笼子的一块瓦片底下，有一对蝎子正脸对着脸，手钩着手，纹丝不动地待着。我非常细心地掀开瓦片，让这对居民显露出来，好随时观察它俩之后的所作所为。天慢慢地黑下来，在没有屋顶的安逸的住处，我感觉不会出什么乱子。瓢泼大雨哗啦啦地泻下，我必须抽身回屋躲雨。蝎子们有玻璃笼子保护，不怕雨的倾泻。而它们的床顶被揭走了盖子，它们将如何呢？

　　一小时后，雨停了，我又一次回到蝎子笼旁。它俩走了。它俩选择附近的一所有瓦顶的屋子住下来。雌蝎在外边等待着，而雄蝎则在里边安排新房，它们的指头依旧钩着。我的家人轮流守候，每十分钟交换一班，避免错过我感觉随时都将开始的交尾。不过这样的紧张没有一点儿用处。快八点时，天已彻底黑了，这对蝎子因为不喜欢所选的新房，又开始长途跋涉，依旧是手钩手，四处寻找。雄蝎倒退着指引方向，挑选自己满意的住处，雌蝎则跟着，安静服帖，这和我四月二十五日所见到的相差无几。

　　好不容易找到了它们彼此都满意的瓦屋。雄蝎先钻进去，但它没放开女伴，每一分一秒都紧紧地牵着她的手。它用尾巴快刀斩乱麻似的一划拉，新房就准备停当。雌蝎被雄蝎轻轻地、温柔地拉着，随其步入洞房。

　　两个小时过去了，我自以为已经给了它俩相当久的时间做好了准备，便前往观看。我掀开瓦片。它俩依旧

词语在线

快刀斩乱麻：比喻用果断的办法迅速解决复杂的问题。

维持着之前的姿势：脸朝脸，手牵手。看上去今天是没有更多的花样可看的了。

第二天，还是没有看到新花样。面朝面，各有所思的样子，爪子一动不动，手指依旧钩着，在瓦顶下继续那无休无止的脉脉含情。太阳落山了，夜色逐渐降临，这对情侣经过一天一夜的密切联系和交谈，最终分手了。雄蝎从瓦屋里离开了，只留雌蝎孤零零地在原地，没有一点进展。

在这场戏中，有两件事值得记下。一对情侣进行了相敬如宾的散步以后，一定要寻找一个隐蔽而安静的住处。在露天开放的环境中，在众人的目睹下，是不能静下心来进行洞房花烛的。如果屋瓦被掀开，不管是白天还是黑夜，不管是如何的小心翼翼，情侣们都会离开原地，寻找新的住处。此外，它们在石头下停留的时间很长，我们在瓦屋外等了一天一夜都没有看见决定性的一幕。

五月十二日。——今夜这一出戏会告诉我们什么呢？天气炎热，没有丝毫的凉风，很适合夜里约会发情的。两只蝎子已经成双配对，但是，我并没有看到它们是如何亲热的。这一次，雄蝎的体形要比肚大腰圆的雌蝎小很多，不过威风是丝毫没减。像是事先约好的一样，雄

✏️ **词语在线**

相敬如宾：形容夫妻互相尊敬像对待宾客一样。

蝎尾巴卷作喇叭状，倒退着带着胖雌蝎在玻璃墙边自如地散步。它们就这样走完一圈又一圈，一会儿在这个方向，一会儿在另一个方向。

它们会时不时地停下来休憩（qì）。停下来时，头碰头，一个向左，一个向右，窃窃私语，像是在说悄悄话。前部的小爪子相互摩擦，像是在相互抚慰。它俩在说些什么？怎样才能用话语传达它们无声的祝婚歌呢？

全家人都来观察这奇异的恋爱场景了，它们对我们的光临没有丝毫的反抗，甚至一点儿也不会影响它们的恩爱。在提灯的灯光下，它们像是被镶嵌在了琥珀之中。那场景简直太优雅浪漫了，这样说真的是一点也不夸张。它们长臂前伸，长尾卷作螺旋状，动作轻盈，一步步地进行着漫长征途。

任何事情都不能打扰它们的雅兴。如果有一只蝎子晚间出来乘凉，跟它们一样也在沿着墙根遛弯儿，与它们中途相遇，它知道它们打算做一些神秘的事情，于是会躲到一旁，让它俩过去。最终，它们在一处隐秘的瓦片下找到了合适的居所。此时，已经是夜里九点多了，雄蝎倒退着，牵引着雌蝎进入找到的洞中。

随后的夜里，它们经过了田园诗般的浪漫温馨后，

名师点评

两只蝎子"手牵手"在琥珀色的灯光下优雅漫步，的确是很浪漫的场景，但是对比随后到来的惨剧，又会觉得这种浪漫带着几分血腥。

发生了惨绝人寰的悲剧。第二天天刚亮，雌蝎依旧在昨天晚上的瓦片那儿，但是弱小的雄蝎已经被雌蝎咬得支离破碎了。它的头、一只钳子、一对爪子全部进入了雌蝎的肚子里。我把这具残尸放到瓦屋门口。整整一天，藏在屋瓦内的雌蝎都没有再次吃它。夜里，<u>万籁（lài）俱寂</u>时，雌蝎出来了，它将门口的死者拖到远处，吃得一干二净，就算是为雄蝎举行了盛大的葬礼。

词语在线

万籁俱寂：一切声音都停息了，形容四周非常寂静。

这种同类相食的行为与我去年在露天小镇里看到的情景是一样的。那时，我经常能看见一只胖胖的雌蝎在石块底下兴致勃勃地吃着自己前夜的伴侣。那个时候我就猜想，如果雄蝎完成使命以后不能及时离开的话，一定会被雌蝎给吃掉的，至于是全部吃掉还是只吃掉一部分可能要取决于雌蝎的食欲了。如今，我目睹了这一幕，我的猜想得到了证实。昨夜，我亲眼看见两个相亲相爱的伴侣在夕阳下散步，亲眼看到这对恋人做好了一切准备以后才进入洞房，那么温馨又浪漫的场景，却换来了一场悲剧。今天早晨，我看见那片瓦片下，新娘正在吞噬着它的新郎。可见，那只可怜的雄蝎，已经完成了它的使命。如果不需要它传宗接代，雌蝎是不会把它吃掉的。

如此看来，昨晚这对情侣做事斩钉截铁。而别的情侣时针都转了两圈了，可它们还在耳鬓厮磨，磨磨唧唧的。也许是些无法确定的环境因素——如大气状况、电压、气温、蝎自身的热情等，在很大程度上影响了交尾完成的快慢。这对于观察者也造成了很大的麻烦，他希望把握确切时机，了解蝎子的梳状栉的作用，而这种作用目前还不清楚。

五月十四日。——可以肯定的是，不是因为饥饿，才使我的蝎子们每天夜里都激情四射的。它们每夜的热情狂欢和寻找食物没一点儿关系。我刚向那些匆匆忙忙的蝎群中扔入各式各样的食物，都是从看起来很符合它们胃口的食物中挑出的，其中有幼蝗虫的嫩肉部分，有比一般蝗虫肉厚肥美的小飞蝗，有翅膀被裁的尺蛾。往后，我还抓一些蜻蜓来喂它们——我知道那是蝎子十分喜欢吃的食物，因为我曾在蝎子窝里看到过与蜻蜓相似的成年蚁蛉的残骸与翅膀。

蝎子对如此多的高级野味没有产生一丝兴趣，无论是哪只蝎子都对其不屑一顾。在杂乱的笼子里，小飞蝗在活蹦乱跳，尺蛾用残缺的翅膀敲打着地面，蜻蜓在瑟瑟发抖，而蝎子们并不在意它们。蝎子在它们的身上走来踏去，还用尾巴将它们击倒。总之，蝎子们就是不打算吃掉它们，而且是根本就没有想过要吃掉它们，因为

✎ 名师点评

既然不缺乏食物，雌蝎吃掉雄蝎就更难以理解了，这是一个需要不断探索的谜团。

蝎子们还有更多其他的事情要做。

几乎所有的蝎子都在沿着玻璃墙行走。有些还很顽固地向高处爬，它们用尾巴撑着身子，一会儿就滑了下来，接着又去别的地方尝试。它们伸出拳头打击玻璃墙，不惜一切代价想从这里离开。不过，这个玻璃宫足够大，对所有蝎子都够用，里面的小路也有很多条，它们可以在上面长时间地散步。但是，这些蝎子一心想着奔向远方。假若它们获得自由，那么你会在附近所有的地方看见它们的身影。<u>去年，也是这个时节，自从蝎子们离开小镇，我就再没看到过它们。</u>

出游是为了满足它们的春季交配。之前一直孤独生活的它们如今要远行了，它们不在意自己的饮食，只是在一门心思地寻找自己的伴侣。在它们活动区周边的砖石堆里，可能会寻到一些能够幽会或集聚的地方。倘若不是担心走在这乱石中容易摔断腿的话，我一定会去认真观察蝎子们在自由欢乐气氛中举行的婚礼庆典。在那光秃秃的山坡上，它们会做些什么呢？应该与玻璃笼子里做的事没什么两样。看吧，雄蝎择好一位新娘以后，便手钩手地带着新娘穿走在薰衣草丛里，悠闲地漫步。尽管它们不能再享受我提供的幽暗灯光，但是它们可以

名师点评

对自由的向往是生物的本能，虽然这个玻璃罩能遮风挡雨且这里食物充足，但蝎子们向往的还是广阔的大自然。

用月光来取代提灯的照耀。

五月二十日。——雄蝎邀请雌蝎散步不会发生在每一个晚上，所以不是每个晚上都能看见那有趣的场景。很多蝎子在出来的时候就已经成双成对了。它们就这样手牵手地度过了整个白昼，深思沉默、纹丝不动。夜晚来临，它们也不会分开，又沿着玻璃墙边，开始进行之前的悠闲漫步。我不知道它们是什么时候开始手牵手的，也不知道以什么方式配对的。可能是在僻静的小路上偶遇的吧，一直以来，我都没有看到过，每次等我看见的时候，它们都是手牵手并且已经交尾了。

不过，今天我算是幸运的。在提灯照得最亮的区域，我亲眼看见了一对情侣的结合。一只雄蝎喜笑颜开、生气蓬勃地在蝎群中横行霸道，一刹那遇见了一只它喜爱的雌蝎。雌蝎从它的身边经过，它们相互吸引，雌蝎接受了雄蝎的爱意，好事当然也就成了。

它俩头对头，钳子拉着钳子，尾巴在大幅度地摇摆着，随之，钳相互钩住，温厚亲和地互相抚摸。这对情侣就像我们之前说过的那样做拿大顶。不一会儿，刚刚直立的尾巴拆开了，但是钳子依旧钩着，和其他情侣一样，它们就这样上路了。可以看出，刚才那个金字塔姿态绝对是两两出行的前奏。其实这种姿势是很常见的，即便是两只同性的蝎子有时候也会这样，不过异性间的这种姿势要比同性间的标准多了。还有同性间，这样的动作是不耐烦的表示，而不是友好的撩拨，同性蝎子的尾巴是互相碰撞，而不是轻抚。

我跟踪了那只雄蝎。它匆忙后退，为征服对方而沾沾自喜。途中其他雌蝎新奇地看着它，可能还带有一丝嫉妒。其中一只突然扑向被牵着的新娘，用爪子使劲地抓住雌蝎子的腿脚，想分开这对情侣。那雄蝎也拼命地抵抗那个外来入侵者，它用劲儿地摇摆，玩儿命地拉拽，但是都无济于事，最后，它放弃了。不过这样的突发事件没有让它伤心不已，毕竟它的身边还有一只雌蝎。和这只雌蝎进行了简单的交流，它便快刀斩乱麻似的想把事情办好，它拉住这只新雌蝎的手，邀请它一起散步。但是雌蝎不情愿地离开了。雄蝎又看上了另外一只雌蝎，举动还是那样单刀直入。它成功了。雌蝎和它一起散步离开。但是这不能证明中间它不会离开雄蝎。然而这对轻浮的雄蝎来说，不算什么！一只走了，还会有更多的雌蝎相继而来。那它到底要什么样的呢？要第一只投怀送抱的。

✎ **词语在线**

轻浮：言语举动随便，不严肃不庄重。

它终于找到了第一只雌蝎，它正带着它的被征服者遛弯儿，走到了亮光区域。如果对方不愿意向前走的话，它就会死命地拖拽；如果对方百依百顺，它也会盛情款待。散步的过程时停时续，有时候还会停留很长的时间。

不久，雄蝎做了一些看上去怪怪的动作。它收起双臂后又长长地伸出去，雌蝎也跟着一起做。它俩组成了一个节肢拉杆机械，形成不停启合的形态。这种柔软性训练做完以后，机械拉杆就不再动了，它们俩一动不动地待着。

现在，它们头抵头，两张嘴相互贴在一起。这种动作就像我们的亲吻和拥抱。但是，我不能这样说，因为它们没有头、脸、嘴、面颊。它们的前端像是被剪刀一刀剪去了一样，甚至都没有鼻子尖。本应该是长着脸的地方，却长了一些难看的下颌壁。

但是对于雄蝎来说，此时是它最幸福、甜蜜的时刻！它用自己那敏锐、柔弱的前爪轻敲着雌蝎的丑脸，不，在雄蝎眼里，这可是一张十分娇俏、十分甜美的面貌啊。它还激动地用下颌轻柔地咬着、逗弄着对方那十分难看的嘴。这是温情与天真的最佳境界。听说接吻的创始者是鸽子，其实这蝎子是比鸽子还早的接吻者。

雌蝎没有丝毫的主动，它任由雄蝎玩弄，不过，在

词语在线

下颌：人和脊椎动物口腔的下部，通称下巴，也叫下颚。

145

心中暗生出逃跑的计划。但是如何才能顺利逃走呢？很容易。雌蝎以尾当棒，朝着得意忘形的雄蝎腕子猛地一击，雄蝎立刻就撒开手了。于是，两者就分开了。不过，第二天，彼此消气以后，又开始上演之前的好事了。

五月二十五日。——雌蝎对雄蝎的当头一棒让我们明白了即便是温柔软弱的雌蝎，偶尔也会耍一下小性子，也会固执地拒绝对方，说翻脸便翻脸。我们可以举这样的一个例子。

一天晚上，一对漂亮的雌、雄二蝎正在散步。它们找到了一个心满意足的住处。于是，雄蝎就松开一只钳子，它用爪子和尾巴开始清扫入口。然后它就钻了进去。接着，雌蝎也自愿跟着钻了进去。

过了一会儿，可能是房间的原因，也可能是时机的原因，雌蝎大半个身子退到洞外，它在努力摆脱雄蝎。而雄蝎则在洞里，拉住雌蝎玩命地往里拉。纠缠十分激烈，一个在里面使劲儿拉，另一个在外面用力扯。双方进进退退、胜负难分。最终，雌蝎猛一使劲儿，反而将雄蝎给拉出洞。

两人并没有因此而分开，又来到室外散起步来。足足一个小时，它俩绕着玻璃笼墙根转来转去，最后又回

名师点评

这段动作描写，将雌、雄蝎在进洞时的对抗场面描述得非常准确而形象。

词语在线

解数：泛指手段、本事。

到了刚才那片瓦前。穴道本就是开着的，雄蝎先钻进去，然后像疯了一样使劲拉拽雌蝎。雌蝎还是在洞外奋力地抵抗。它挺直了足爪，踩紧地面，将尾巴拱起，顶紧屋门，怎么都不肯进入室内。我认为这样的反抗不会让人扫兴，反而会更有吸引力。倘若没有反抗作为前奏曲，那交尾又会有什么吸引力呢？

瓦片内的雄蝎用尽浑身解数引诱劝导，最终，雌蝎顺从地进入洞内。此时，已经是夜里十点钟了，我就是熬上一夜，也一定要看完此剧。我会在适当的时候揭开瓦片，看看下面发生了什么。这种时机不能错过，现在赶上了，更不能怠慢！我不知道我会看见什么。

最终毫无收获。还不到半个小时，两只蝎子又开始了拉锯战。最终，雌蝎反抗胜利，摆脱了雄蝎的束缚，从洞里爬出来后就逃之夭夭了。雄蝎从瓦片下追了出来，在门口左顾右盼，却不见佳人倩影，于是灰溜溜地回到瓦片下。它被骗了，我也同样受了蒙蔽。

六月刚到。我因害怕光线太强会惊扰蝎子，先前总是把提灯挂在远离玻璃笼子的外头。但因为光线不足，我看不清楚散步中的蝎子们是否是你情我愿的具体细节。它们的钳指是否相互咬合着？会不会一个主动、一个被动呢？如果是，主动的又会是谁呢？这一点十分重要，我想弄明白。于是，我便把提灯放在了笼子中间，笼子被照得亮亮堂堂。而蝎子们似乎不怕亮光，反而非常喜悦。它们围着提灯爬来爬去。有的甚至为了挨光源更近一些，还企图爬上提灯，它们借助玻璃灯罩竟然真爬上去了。尽管它们不断地滑落，最终它们抓住铁片的边缘，凭借坚韧不拔的毅力爬到了顶上。它们停在上面一动不动，肚子部分贴紧玻璃罩，部分贴紧金属框架，整个夜晚它们都没看够，为这灯的灿烂而叹服。它们使我回想起以前的大孔雀蝶在灯罩上扬扬自得的情形。

在明亮的灯光下，一对情侣正在紧张地拿大顶。它们优雅抚摸了一下，就向前走去。只有雄蝎是主动的，它用每把钳子的双指夹紧雌蝎与之相对应的双指。现在是它的掌控时期，它想要夹紧就可夹紧，想要松开就可松开，松开它的双钳，套便随之开了。雌蝎则不能这样，它是俘虏，勾引者已经给它带上了拇指铐。

一些不太常见的场景，可以让我们更清楚地观察它们。我曾无意间见到一只雄蝎抓住伊人的两只爪子拼命往前拉；我还见过雄蝎抓住雌蝎的尾巴和一只后爪不断拉扯。等雌蝎竭力摆脱雄蝎的爪子时，又被雄蝎猛地推

词语在线

坚韧不拔：形容信念坚定，意志顽强，不可动摇。

伊人：那个人，这里指雌蝎。

翻在地，瞬间就被雄蝎控制住了。显而易见，这完全是诱拐，是暴力绑架。但是，一想到朗格多克蝎家族的惯例，在婚礼之后雄蝎会成为雌蝎的食物，眼前的情景又让我惊讶。世界真的太奇妙了！

品读赏析

　　本篇重点介绍的是朗格多克蝎求偶、交配的过程。作者准确而又生动的描述，让蝎子的"婚礼"染上了几分浪漫的色彩，"婚礼"后的惨剧却又令人不寒而栗，不禁让读者感叹生物界充满太多神奇与未知。

写作积累　XIEZUO JILEI

　　一席之地　大动干戈　融会贯通　耳鬓厮磨　脉脉含情　相敬如宾

　　·卢克莱修曾经说过："恐惧造就圣明。"正是出于人们的恐惧，蝎子也被神化了，成为天上的一个星座，并且成为历书上十月的象征。

　　·这些凸出的小颗粒使盔甲野性十足、坚固异常，并成了朗格多克蝎的标志。这样的体貌，就好像它是用锋利的刀削砍拼接出来的一样。

　　·蝎子们无论大小胖瘦全部加入了混战，那仿佛是一场生死之战、一场大屠杀，然而也是一场狂野的嬉闹，就像小猫咪们缠绕在一块儿一般。

·看不出它们究竟要去哪里，它们就这样闲逛着，开始暗送秋波地发情。此时此刻，让我想到在我们乡下，每个礼拜天晚祷以后，年轻人一对对地手牵手，肩并肩地沿着篱笆遛弯儿。

·在提灯的灯光下，它们像是审美观点镶嵌在了琥珀之中，那场简直太浪漫了，这样说真的是一点也不夸张。

·它们停在上面一动不动，肚子部分贴紧玻璃罩，部分贴紧金属框架，整个夜晚它们都没看够，为这灯的灿烂而叹服。

思考练习

1. 雌蝎为什么要吃掉雄蝎呢？

2. 雌蝎不愿再同雄蝎散步后，它会做些什么？

3. 你还知道哪些昆虫有雌性吃掉雄性的习性？

其他以昆虫为主要内容的文学著作

在世界上所有的物种里，昆虫的数量、种类，是其他任何物种所不及的。据保守估计，地球上生存的 150 多万种动物中，昆虫占 100 多万种，其种类的丰富性和生物的多样性，远远超乎人类所想象。除此之外，仍有新的昆虫不断被发现。因此，人们对昆虫的研究、探索从未停止，而作为非常贴近人类生活的物种，昆虫也常常成为文学所描述、咏叹的对象。法国著名昆虫学家法布尔把毕生的精力都倾注在昆虫学的研究上，以严谨的科学态度、坚韧不拔的创作毅力、甘于平淡的精神，最终创作出了《昆虫记》这部皇皇巨著。除了法布尔的《昆虫记》，其实还有很多在介绍昆虫及研究昆虫方面卓有成就的文学著作，下面再向大家介绍一些以昆虫为主要内容的文学著作。

《草地上的嗡嗡声》

《草地上的嗡嗡声》的作者戴夫·古尔森是英国昆虫学家。2003 年，他在法国中部乡间买下一片荒废的农舍，此后十多年的时间里，他一直都在努力恢复这片草地的生态系统，该书便是他在这片荒废的农舍进行生态恢复时所记下的见闻。

在这本书中，作者介绍了各种各样有趣的昆虫，如以"较量谁的双眼离得最开"来逐爱的雄柄眼蝇、神奇迷你的"苔藓小猪"等。同时，书中还介绍了作者为研究昆虫的秘密生活而进行的若干精彩实验。通过这些实验，我们能了解到讨人厌的苍蝇究竟有多重要、蝴蝶的斑点有什么用处等生物知识。这些草地生物的奇闻趣事，以及它们在行为与生态方面的诸多细节，都提醒我们：生物在自然环境中扮演着重要的角色，因而爱护地球上形形色色的生物，保护生物的多样性，是我们每个人都应该做的事。

《昆虫的私生活》

《昆虫的私生活》是英国人马琳·祖克所创作的一部科普作品，她是一名演化生物学家和行为生态学家。

《昆虫的私生活》这本书从科学的维度，为我们认识昆虫世界打开了一扇门。全书包括七个章节，分别介绍了昆虫的基因组、昆虫的个性生活、昆虫的繁衍、昆虫的语言等多个方面的内容，揭示了昆虫世界的奥秘，开辟了昆虫研究的新领域。另外，除了昆虫生活习性、种族繁衍等方面的知识，作者还介绍了昆虫一系列不为人知的本领。如昆虫是如何像人类一样展现自己的个性？如何使用语言和照顾后代？……全书语言严谨简练、诙谐风趣，将作者几十年对昆虫的研究展现了在我们面前，并且告诉我们，昆虫既有跟人类不同的方面，又有跟人类相同的方面。

《眷恋昆虫》

《眷恋昆虫》的作者是世界知名生物学家托马斯·艾斯纳，他同时也是一位博物学家，专注于昆虫的化学防御的研究。哈佛大学的生物学家爱德华·威尔逊称他为"现代法布尔"。

本书开创了生物学的一个新生的领域，它通过一个个有趣的小故事，把作者研究昆虫的过程呈现在我们面前，并从化学的角度对一些奇妙的生物现象进行了解释。在这本书中，作者揭示出了各类昆虫的秘密，并为这些秘密找到了出色的解释，如昆虫的外表为什么颜色艳丽？为什么有奇特的隆起？为什么会分泌恶臭物？……同时，本书也是托马斯·艾斯纳的个人传略，讲述了作者半个多世纪以来在昆虫学研究上所做出的杰出贡献。全书以优美的散文笔法来讲述，语言准确严谨、通俗易懂，给人以启迪性。